天下文化
BELIEVE IN READING

科學文化 187

人類這個不良品

從沒用的骨頭到脆弱的基因

HUMAN ERRORS

A Panorama of Our Glitches, from Pointless Bones to Broken Genes

Nathan H. Lents 納森‧蘭特 —— 著

陸維濃 —— 譯

人類這個不良品 目錄

從沒用的骨頭到脆弱的基因

HUMAN ERRORS

A Panorama of Our Glitches,
from Pointless Bones
to Broken Genes

現在，這個話題你懂得可多囉！

——母親得知我正在寫一本有關人類缺陷的書之後，如是說道。

引言

看吧，大自然也會凸槌

「看哪！人體和體內許多系統、器官和組織，是多麼美妙、複雜又偉大！」類似的話語各位想必都不陌生。似乎愈深入瞭解人體，愈覺得人體優異非凡。

組成人體的細胞和分子，就像層層包裹的洋蔥，看似無比複雜。人類擁有豐富的思緒，人體能夠執行各種複雜程度驚人的體能任務，消化食物並將能量分配給人體各項所需，輕鬆開關基因功能，每隔一陣子還能製造出「各式各樣、無與倫比」的全新個體。

人體各項活動合力打造複雜的人類生活，而我們對背後的機制卻渾然不覺。一個再普通不過的平凡人，可以坐下彈一曲〈鋼琴師〉（Piano Man），不用去想手部的細胞和肌肉、手臂的神經如何發揮功用，甚至不必知道彈奏的記憶儲存在腦中哪個部位。坐下聆聽的聽眾也無須苦思鼓膜如何震動、神經脈衝如何傳遞到聽覺處理中心，或者當他跟著副歌大聲唱和時，即便唱得並不完美，也不用去想記憶如何被喚起？至於這首歌的作者，不過是另一個普通人（比較特別的普通人），我敢大膽推測，對於那些在他譜寫歌曲時辛勤運作的基因、蛋白質和神經元，他沒有半點感激之情。

儘管我們經常忽略，但人體的能耐如此驚人、甚至可說神奇，

何不為此寫本書呢？

因為這些書都有人寫過了，各位想必也讀過不少。想找一本描述人體複雜之妙的書？恭喜你，只要走進任何一座醫學圖書館，都能找到上萬冊相關書籍。搜尋專門刊載醫學界新發現的生物醫學類期刊，描述人體如何偉大的論文更有上百萬篇。描述人體精妙的書籍篇章已經琳琅滿目。

然而，這本書和其他書不同。我寫的這本書，內容涵蓋人體從頭到腳的許多缺點。

人體缺點是演化史明燈

人體的缺點實在太有趣，而且能夠提供大量資訊。探索這些缺點，我們得以窺看人類的過去。這本書裡提到的所有缺點，分別訴說著人類演化史上的故事。在人類整體的演化時間裡，每個細胞、蛋白質和DNA密碼中的每一個字母，都要接受天擇的嚴格考驗。一路以來，所有天擇作用形成的最終成品，就是這副結實、強壯、能屈能伸、冰雪聰明的人體，在生命演化的激烈戰役中，可說是最成功的佼佼者。但它並不完美。

我們有面向後方的視網膜，體內留有尾巴的殘存結構，還有骨頭過多的手腕。其他動物自身就能製造的維生素和營養物質，我們必須從飲食攝取。面對現今的地球氣候，我們身體幾乎沒有求生所需的應對能力。人體內有路徑詭異的神經傳導路線、毫無附著點的肌肉，和弊多於利的淋巴結。

我們的基因組（genome）裡充斥著無用的基因、斷裂的染色體，和病毒感染過後留下的殘骸。人類還有一個會欺騙自己的腦

子，造成認知偏誤（cognitive bias）和偏見，而且人類大量聚集時還有自相殘殺的傾向。再者，如果缺乏現代科學鼎力相助，有數百萬人無法正常生育。

人體缺點就像是人類演化史上的明燈，不只照亮過去，也照亮了現在和未來。眾所周知，想要瞭解某個國家目前發生的事件，就必須瞭解這個國家的歷史，以及事件演變至此的來龍去脈。我們的身體、基因和心智也一樣。為了徹底瞭解人體運作的各個面向，我們必須先瞭解人體究竟如何發展至此。為了讚嘆我們如今所擁有的人體，必須先讚嘆我們曾經的樣貌。換句話說，想要瞭解現在，必須瞭解過去。

這本書中描述的人體缺點，主要可分為三類。第一類缺點源自於人體發生演化時所面對的世界，與現今的環境並不相同。演化作用非常複雜又需要時間，尤其許多人體特徵必須同時面對天擇的壓力。舉個例子，「增重簡單減重難」的人體非常適合生存在更新世（Pleistocene）的中非莽原，但未必適合二十一世紀的美國。

第二類缺點則包括尚未發展完全的演化。舉例來說，人類祖先的姿態從四肢著地逐漸轉換成兩腳直立；由樹居生活轉換為在陸地生活。在這樣的轉換過程中，膝蓋便是經過演化重新設計的產物。對於新的需求，這個重要關節的多數結構適應良好，但並非所有結構都能徹底發揮功用。我們幾乎已經適應了直立行走的姿態，但還不到完全適應的程度。

有一好沒兩好的演化

第三類缺點單純源自於演化的極限。地球上所有的物種都困在

一副只能透過微小改變來演進的軀體裡，而且這些改變的發生既隨機又罕見。我們從祖先那兒承襲了一些毫無功能、但又無法改變的結構，這就是為什麼我們那空間狹小的喉嚨，得同時傳輸食物和空氣，而且我們的腳踝裡散落著七塊無用的骨頭。想要改善這些差勁的人體結構，恐怕需要多種突變同時發生才能解決。

脊椎動物的翅膀就是非常好的例子，可以說明即便在偉大的演化創新進行期間，演化作用依然遭受巨大的限制。翅膀是經過自然界多次創新發明的產物，蝙蝠、鳥類和翼龍的翅膀有各自的演化過程，因此結構差異極大。不過，牠們的翅膀都是從前肢演化來的。鳥類和蝙蝠的抓握能力都很差，只能笨拙地用腳和嘴來控制物體。

要是可以長出全新的翅膀同時又保留前肢，那就太好了，只可惜這不是演化作用的慣常模式。就體構設計複雜的動物來說，長出新的構造並不可行，不過緩慢改造既有的前肢倒還可以。演化就像一場不斷以物易物的交易遊戲，新的構造出現，通常伴隨著代價。

演化創新所需的代價各有不一。有的是因為細胞內基因組複製時發生錯誤，有的是骨骼、組織和器官結構上的缺陷。在這本書中，我會依序敘述這三類人體缺點，綜觀這些缺點的共同之處，藉此說明不可思議的演化故事和演化作用運作的方式，如果這些演化沒有發生會怎樣？而幾千年來，為了這些演化適應，人類又付出了哪些高昂的代價？

人體簡直是各種適應與不適應的大雜燴。我們有毫無附著點的骨骼和肌肉、反應異常的感官，以及不太能承受直立行走的關節。還有，我們的飲食限制也夠多了，多數動物只需要吃單一食物就能生存，而我們卻一定要透過多元飲食才能獲得維生所需的營養素。

人體基因組內有多數DNA完全沒有功用，而且偶爾還會造成傷

害（人體每一個細胞的DNA內甚至充斥著無數病毒的遺骸，而且人體終其一生都會盡責複製它們）。

撇開以上這些不說，人體還有更令人驚訝的不完美之處：人類的生殖效率奇差無比，人類還會罹患攻擊自己的免疫系統疾病，這還只是和人體設計有關的疾病之一而已。人腦可謂人類強大的演化成就，但也充滿各種缺陷，導致我們在日常生活中做出糟糕的選擇，有時候甚至因此付出生命。

不完美才有趣

說來也許有些奇怪，但我們的不完美自有美妙之處。假使每個人都擁有既合理又完美的身體構造，人類的生命豈不無聊透頂？人類之所以為人，靠得正是這些不完美。

基因密碼和表觀遺傳密碼的細微差異造就了每個人的特色，而這些多樣性主要來自隨機發生的突變。突變有如閃電，隨機發生，且常伴隨毀滅性的後果，然而，突變卻也是人類之所以偉大的原因。這本書提到的人體缺點是人類贏得偉大的生存戰役後所留下的傷疤。無盡的演化衝突之中，人類是不可思議的倖存者，是演化作用四十億年來堅持不懈面對各種困境後的產物。人體的每一個缺點，背後都是一場戰役，快湊過來聽我說故事吧！

第一章

無用的骨頭
和其他結構缺陷

為什麼人類的視網膜裝反了？

為什麼鼻竇腔頂端有一條排除黏液的管道？

為什麼膝蓋這麼不堪使用？

為什麼我們脊椎之間的軟骨結構有時候會「脫出」？

　　我們總是禁不住讚嘆人體：魁梧的健美運動員，優雅的芭蕾舞者，奧運短跑選手，身材勻稱的泳裝模特兒和強壯的十項全能運動員，他們的體態叫人百看不厭。人體除了具有天生的體態美，還兼備動態和彈性。心、肺、腺體和消化道的功能，彼此縝密配合，著實令人驚嘆。無論外在環境如何變化，人體能透過精細複雜的機制保持健康。任何人想要探討人體的缺點之前，都不得不先承認：少數幾個奇怪的設計缺陷根本瑕不掩瑜，無法遮掩人體美妙且功能強大的事實。

　　不過，人體確實存在古怪之處。綜觀人體結構，有許多奇怪的排列方式、毫無效率可言的設計，甚至是徹底失敗的缺陷。多數情況，這些古怪之處對人體而言是中性的，不會影響人類的生存和繁殖。就算它們真的對人類生存有影響，也早已被演化作用解決了。然而，人體仍存有非中性的古怪之處，背後各有饒富趣味的故事。

　　經歷數百萬個世代的演變，人體產生劇烈變化。在這段時間裡，人體各式各樣的結構也隨之改變，不過少數的人體結構沒有發生變化，留至今日，成了完全過時的舊時代產物。

　　舉例來說，人類的手臂和鳥類的翅膀功能完全不同，但兩者的骨骼架構卻極為相似，這絕對不是巧合。所有四足脊椎動物都具備相同的基本骨骼架構，這個基本架構會為了因應不同動物的獨特生活型態和棲息環境而有所改變。

　　藉由隨機發生的突變，以及天擇作用的修飾，人體逐漸有了樣子，但這個過程並不完美。仔細觀察這個大致而言既美妙又令人讚嘆的身體，不難發現，演化作用也有許多的盲點（有時候還真的是「盲」點）。

　　人類的眼睛就是個非常好的例子，足以說明演化作用也會產生

設計拙劣，但是功能優良的結構。人類的眼睛確實蔚為奇觀，然而倘若可以重新設計，實在很難想像它會是現在這個模樣。人類眼睛是動物歷經世代演化的遺產，展現了眼睛感光功能緩慢、漸進的發展過程。

視茫茫的宿命

在我們細細考究人眼令人困惑的設計方式之前，容我先說明一件事情：人眼的功能也存在許多問題。舉例來說，許多正在閱讀這本書的民眾，都必須借助現代科技的幫忙。在美國和歐洲，有三成至四成的民眾都有近視，必須配戴眼鏡或隱形眼鏡。如果少了眼鏡的幫助，這些人的眼睛沒有辦法正確聚光，無法看清楚咫尺之外的物體。

亞洲國家人口近視的比例超過七成。近視不是眼睛受傷所引起的問題，而是一種眼睛設計上的缺陷：人類的眼球實在太長。影像在抵達眼底之前就已經精準聚焦，等影像真正落在視網膜的時候，卻又已經失焦。

人類也有遠視的問題。造成遠視的原因有兩種，各自和人眼不同的設計缺點有關。遠視是因為眼球太短，光線無法在抵達視網膜之前就完成聚焦，這種情況正好和近視相反。

老花眼是另一種遠視，可能是因為年紀增長，水晶體逐漸失去彈性而引起；也可能是因為肌肉無法拉動水晶體讓光線無法正確聚焦所致，或者兩種情況同時發生。顧名思義，老花眼是老了才會有的狀況，大約在四十歲左右會發生。到了六十歲，幾乎人人都難以看清楚近距離的物體。我今年三十九歲，已經發現書報距離我的

臉，年復一年愈來愈遠。看來，該是配副雙焦眼鏡的時候了。

再加上人眼常見的毛病，如青光眼、白內障、視網膜剝離⋯⋯事態愈來愈明朗。據信，人類是地球上演化程度最高的物種，但我們的眼睛似乎不太給力。多數人一輩子當中，都會遭遇視力嚴重喪失的困擾，而且許多人的折磨甚至從年輕時就開始。

人生第一次視力檢查之後，我就戴上了眼鏡，那是小學二年級的事情。說不定我更早之前就需要戴眼鏡了，誰又知道呢？我的視力很糟糕，不是輕微模糊而已——閃光二十度，近視四百度。要是我出生在十七世紀，我大概一輩子無法看清手臂長度範圍之外的物體；要是在史前時代，我肯定是個無用的獵人或採集者。

視力殘弱究竟會不會影響人類祖先的傳宗接代，如果會，又是如何影響？至今我們仍不清楚。不過，現代人視力殘弱是不爭的事實，但至少就近代而言，優異的視力並非是人類生存的絕對要素。早期那些視力殘弱的人類勢必找出了生存之道。

跟多數鳥類相比，特別是老鷹和兀鷲之類的猛禽，人類的視力更是相形見絀。牠們長距離的視覺敏感度，讓視力最優良的人類根本抬不起頭。許多鳥類能看見的波長範圍也比人類更寬廣，甚至能看見紫外線。事實上，候鳥是用眼睛來偵測地球南北極的所在。有些鳥類可以「看見」地球的磁場。許多鳥類還具備額外的透明眼瞼，讓牠們即便直視遠方的太陽，視網膜也不會因此受傷。人類要是膽敢這麼做，恐怕會換來永久失明的下場。

另外，人類只有在白天才有視力可言。人類的夜視能力，再怎麼厲害也只能算是普通，大部分人的夜視能力都差得可憐。至於貓的夜視能力，簡直可謂傳奇，牠們的眼睛敏銳到可以在全暗的環境中偵測到單一個光子。

讓我舉個例子來做對比：一間微亮的小房間裡，任何時刻大約有一千億個光子在環境中到處彈跳。人類視網膜細胞中確實有些光受器可以對單一個光子做出反應，然而這些光受器會受到人眼中的背景訊號干擾。因此，就功能而言，人眼無法偵測單一光子，也無法輕易展現如貓一般的夜視能力。

至少要五或十個光子快速連續傳遞，才能構成人類所能感知的微弱光線，因此在昏暗的環境裡，貓的視力肯定比人優異。此外，在昏暗環境中，人類視力的敏感度和影像解析度遠比貓、狗、鳥和其他動物還差。你能分辨的顏色或許比狗多，但牠們的夜視能力卻比你好。

至於彩色視覺，這也不是人人平等的事情。大概6％的男性有某種形式的色盲，這種狀況在女性身上非常少見，這是因為導致色盲的基因幾乎總是隱性的，而且多位於X染色體上。女性有兩個X染色體，就算遺傳到一個有問題的X染色體，還有另一個好的X染色體當靠山。地球上人口約有七十億，至少有二億五千萬人無法像其他人一樣分辨顏色，這個數量相當於美國的總人口數。

人眼就像拿反的麥克風

以上還只是人眼的功能問題，而人眼的物理結構也充滿各種缺陷。有些缺陷造成人眼功能不彰，有些缺陷則不會引發任何毛病。

說起自然界中最古怪的動物結構設計，最經典的例子莫過於脊椎動物的視網膜，從魚類到哺乳類動物無一倖免。

脊椎動物視網膜上的感光細胞似乎裝反了：負責傳遞神經訊號的軸突面向外部光源，負責感光的光受器卻面向眼底。各位可以把

感光細胞的模樣想像成麥克風，麥克風一端有聲音接受器，另一端連接負責把訊號傳給揚聲器的纜線。人類的視網膜坐落在眼球的底部，上面所有的小小「麥克風」都裝反了，有纜線的一端朝外面向光源，而接受器朝內面向眼球組織。

這樣的結構，顯然絕非最佳配置。光子必須先穿越整顆感光細胞，才能抵達位於眼底的光受器。這就像你演講時把麥克風拿反了，但只要你調高麥克風的靈敏度，然後大聲說話，麥克風還是能發揮作用，人眼也是一樣的道理。

此外，光線必須先穿越一層布有血管的薄膜組織，才能抵達光受器，更讓這已經過度複雜的系統更添一筆多餘的複雜性。時至今日，沒有任何一個假說能夠解釋為什麼脊椎動物的視網膜安置在面朝後方的古怪位置。由於突變是演化作用僅有的工具，但要用零星發生的突變來改正這項缺失太過困難，也於是這缺陷成了人眼演化過程的一個死結。

接受它、放下它

這讓我想起有一回在家裡安裝家具護板的經驗，這種護板距離地面大概半牆高。那是我第一次動手做木工，結果不如預期。家具護板是一條很長的木條，長邊兩側的結構並不對稱，你必須搞清楚哪一邊朝上，哪一邊朝下。而家具護板也不像冠頂線板或踢腳板那樣，一眼就能看得出來哪邊是上，哪邊是下。

總之，我按照看起來最順眼的方式開始施工：測量、裁切、上漆、懸掛、打釘、補土、再上一次漆，終於大功告成。結果，第一位有緣欣賞我這項木作成品的客人，立刻發現我把護板裝反了：該

朝上的地方朝下，該朝下的地方朝上。

這個例子就跟視網膜裝反了是同樣的道理。在脊椎動物眼睛演化之初，未來將發展成視網膜的感光組織不管朝向任何方向，對動物而言都沒有太大的功能性差異。然而，當眼睛持續演化，出現未來將形成眼球的腔體時，光受器開始往腔體內部移動，最後產生了裝反的視網膜，想要補救為時已晚。

不過，在那當下，有任何可行的補救措施嗎？想讓整個眼球結構**翻轉過來**，不是幾次突變就能達到的成果，就像我不能直接把家具護板倒轉過來一樣，因為所有的切口和接縫也都會倒轉。除了整個打掉重練，沒有其他方法可以矯正我的失誤。脊椎動物的視網膜也是如此。所以，我接受裝反的家具護板，一如我們的祖先接受裝反的視網膜。

說來有趣，章魚、魷魚等頭足動物的視網膜就沒裝反。頭足動物和脊椎動物的眼睛結構非常相似，卻源自彼此獨立的演化路徑。大自然造物過程中，至少曾兩次「發明」有如相機一般的眼睛結構，一次在脊椎動物身上，一次在頭足動物身上。至於昆蟲、蜘蛛和甲殼動物，則擁有截然不同的眼睛結構。

頭足動物眼睛演化的過程中，視網膜以比較符合邏輯的方式形成：光受器朝外、面向光源。然而，脊椎動物就沒這麼幸運，至今我們仍受這種僥倖遺留下來的演化產物所苦，倒置的視網膜導致脊椎動物比頭足動物更容易發生視網膜剝離的問題，這是多數眼科醫師同意的論點。

人眼結構還有個值得一提的古怪之處。位於視網膜正中央的視神經盤，是數百萬個光受器細胞軸突聚集形成視神經的地方。想像數百萬個小小麥克風的纜線全部集合成一束，每一根纜線負責將訊

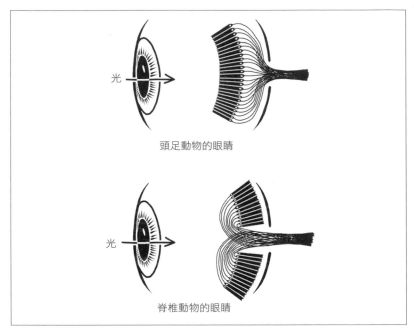

頭足動物視網膜中的光受器（上）面向光源；脊椎動物的光受器（下）則不然。雖然這種不合宜的設計逐漸對脊椎動物帶來不利影響，但演化作用已經無力矯正錯誤。

號傳遞至大腦，附帶一提，人腦的視覺中心恰好位在腦部的後方，離眼睛非常遠！

　　視神經盤有如一個占據視網膜表面的小小圓盤，其中竟然沒有任何光受器細胞，導致人類的兩眼各有一個盲點。因為雙眼可以互補，而腦子會替我們填補影像的空缺，所以我們很少注意到眼睛有盲點，但盲點的存在是千真萬確的事實。各位只要上網搜尋關鍵字：視神經盤盲點，就能找到許多簡單的例證。

視神經盤是眼睛必不可少的結構，畢竟視網膜中的軸突必須在某一點匯集。如果視神經盤可以位在眼底較深處，在視網膜後方而非表面，會是比較好的設計。然而，倒置的視網膜導致盲點必然存在，所有脊椎動物無一例外。頭足動物就沒有這個問題，在方位正確的視網膜上，視神經盤不費吹灰之力就能形成於視網膜後方，也不會破壞視網膜的完整結構。

人類若想要有像老鷹一樣銳利的眼睛，或許貪心了點。不過，希望人眼至少能像章魚眼一樣，應該不是太過分的要求吧？

人類，感冒之王！

在眼睛下方，你會發現另一個演化失誤：鼻竇腔。這些負責蒐集空氣，充滿液體且構造蜿蜒的腔室，有些竟然位在頭部深處。

很多人不知道頭骨裡有多少開放空間。當你透過狹窄的鼻孔吸氣，氣流會分成四對，分別進入臉部骨骼的大型空腔。在這些腔室裡，氣流和黏膜發生接觸。黏膜是一種高度摺疊、又溼又黏的組織，負責沾附灰塵和包括細菌、病毒等其他粒子，阻止這些顆粒進入肺部。除了沾附粒子，空氣進入鼻竇腔後會變得更溫暖、潮濕。

鼻竇中的黏膜會以緩慢且穩定的速度產生黏液，而這些黏液會被纖細如毛髮、規律擺動的纖毛帶走。各位可以想像手臂上的寒毛持續擺動以帶走皮膚上的黏水，這個畫面的縮小版就是纖毛運動。

在我們的頭部，黏液會被帶至好幾個定點，最終經過吞嚥進入胃部。胃是黏液最安全的去處，因為黏液中的細菌和病毒會溶解在胃液中，被胃酸消化。鼻竇腔正常運作的時候，黏液會持續流動，以免細菌和病毒引發感染，也可以預防黏液堵塞呼吸系統。

　　當然，呼吸系統有時候還是會堵塞，因而引發鼻竇感染。來不及清除的細菌在鼻竇中滋生，導致鼻竇和鼻竇以上的部位感染發炎。正常時，鼻竇中的黏液清清如水，一旦遭受感染，黏液會變得黏稠，並呈現深綠色。多數鼻竇感染並不嚴重，但鼻竇感染也不是鬧著玩的小事。

　　你是否曾經注意過：狗、貓和其他動物似乎不像人類經常感冒？多數人每年要經歷二至五次感冒，感冒又稱上呼吸道感染，有些人還伴隨嚴重的鼻竇感染。

　　在我養狗的六年經驗中，從沒看過牠流鼻水、鼻塞、淚眼汪汪、咳嗽或反覆打噴嚏的模樣。就我所知，牠也沒有發燒過。當然，狗也會遇到鼻竇感染，最常見的症狀就是流鼻水，不過這種情形在狗界很罕見。大部分的狗終其一生不會遇到嚴重的鼻竇感染*。

鼻竇腔排水設計不良

　　野生動物也幾乎沒有鼻竇感染的問題。人類以外的靈長類動物當然還是有可能遇到鼻竇感染，雖然相較於其他哺乳類動物，靈長類動物和人類的共通點比較多，但牠們鼻竇感染的情況仍然非常罕見。為什麼人類特別慘？

　　人類之所以特別容易鼻竇感染，有幾個不同原因，其中之一就是鼻竇腔中排除黏液的系統設計不良。

---

* 口鼻部特別短的狗除外，如獅子狗和巴哥犬，這些是經過人工擇種培育出來的品種，而不是天擇的結果。事實上，狗的健康問題多是近親交配的後遺症。狼是狗的祖先，這些問題在狼身上並不多見。

　　具體來說，就是人體有一條專門蒐集黏液的主要排水管，這條排水管竟然位於最大型鼻竇腔的頂端。此處名為上頜竇（maxillary sinus），位於上頜頰（upper cheek）之下。

　　別忘了地球上有重力這種討人厭的東西。把蒐集黏液的排水管安置在鼻竇上方，實在不是個好主意。雖然位於前額後方和眼睛周圍的鼻竇腔可以把黏液往下排除；然而最大、位置最低的兩個腔室，卻必須向上排除黏液。

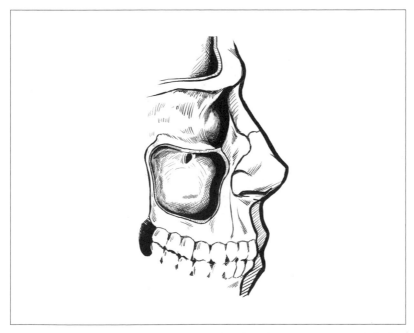

人體的上頜竇腔。因為蒐集黏液的管道位於上頜竇腔頂端，所以無法靠重力來幫助黏液排除。這也是為什麼鼻塞和鼻竇感染對人類來說如此常見，但在其他動物身上聞所未聞的原因。

當然，纖毛運動是可以把黏液往上推，但乾脆把排水管安置在鼻竇腔下方不就好了嗎？你有見過不把排水管安裝在房間低處的水管工人嗎？

這種拙劣的管道鋪排方式當然有其後果。當黏液變得黏稠，事情就麻煩了。黏液遇到以下狀況會變得濃稠：挾帶大量灰塵、花粉、其他微粒物質或抗原；空氣又乾又冷；細菌正準備侵染人體。遇到這些狀況，纖毛就必須加倍努力，才能把黏液推往集合點。

要是我們跟其他動物一樣，可以靠重力幫忙排除黏液，那就太好了。然而，我們的纖毛不僅要對抗重力，還要加快濃稠黏液移動的速度，這簡直是不可能的任務。因此我們感冒時，鼻子總免不了有症狀。這也是為什麼感冒和過敏偶爾會引發鼻竇的二次細菌感染，畢竟成堆的黏液簡直是細菌的溫床。

有些人鼻塞和鼻竇感染時，只要躺下來就能稍微緩解症狀，究其根本，還是跟上頜竇排除黏液的管道設計不佳有關。人體躺平時，上頜竇腔內的纖毛不用對抗重力，可以趁這個機會把濃稠的黏液推向排水管，減緩壓力。不過，這不是治本的方法，緩解只是暫時的。一旦發生細菌感染產生黏液，而且排水管無法負荷的狀況，就必須靠免疫系統出面作戰了。有些人排除黏液的狀況實在不佳，只能藉由鼻腔手術來阻止鼻竇老是感染的問題。

人臉為何如此擁擠？

究竟為什麼上頜竇排除黏液的管道位在上而不在下呢？答案就藏在人類臉部結構的演化歷史裡。

地球上早期出現的哺乳類動物，有一些演化成後來的靈長類動

物，過程中動物的鼻腔結構和功能發生劇變。許多哺乳類動物最重要的感官就是嗅覺，而整個口鼻部的結構設計也朝讓嗅覺發揮最佳功能的方向演進，因此，多數哺乳類動物的口鼻部特別長，這樣才有夠大的空間容納空氣，而口鼻腔內也滿是接受氣味的受器。

當人類的靈長類祖先開始演化，那時牠們對嗅覺的依賴已經減少，主要依賴視覺、觸覺和認知能力來生存，所以不再需要那麼長的口鼻部，鼻腔空間也嵌入更為緊湊的面部結構中。

從猴子演化成猿類的過程中，面部結構不斷重新設計。亞洲猿，即長臂猿和紅毛猩猩，牠們位於面部上方的鼻竇腔直接連通，而面部下方的鼻竇腔比較小，以順應重力的方向排除黏液。至於非洲猿，即黑猩猩、大猩猩和人類，三者鼻竇腔的結構都很相似。然而，黑猩猩和大猩猩的鼻竇腔比人類大且深，彼此間由廣闊的開口連接，讓氣流和黏液可以在腔室內順利流通。但人類的鼻竇腔並非如此。

人類和非人類的靈長動物，最大差異就在頭骨和面部的骨骼。人類的額頭較小，齒稜也較小，面部比較平，結構也比較緊湊。除此之外，人類的鼻竇腔也較小，各腔室彼此並不連通，排除黏液的管道也比較細。

就演化的觀點而言，把排除黏液的通道縮擠成狹小的管路，人類並沒有因此獲得任何好處，這很可能是為了騰出空間容納人腦而產生的副作用。

動物界最容易感冒和鼻竇感染的動物，大概就是人類了，顯見面部結構重新排列之後，並未呈現令人最為滿意的結果。儘管面部構造設計差強人意，但跟接下來的另一項演化災厄相比，簡直就是小巫見大巫：人體內有一條應該從腦部直接通往頸部的神經，卻在

途中繞了幾次危險的彎路。

繞遠路的神經

人類神經系統的複雜性和重要性簡直到了驚人的地步。我們有高度發展的腦子，而腦子得透過神經才能發揮功用。

軸突就像一條一條獨立的細小纜線，負責在腦部和身體各處之間來回傳遞神經脈衝，聚集成束的軸突就是神經。好比位於腦部頂端的某些運動神經元就有極長的軸突，這些軸突延伸至腦部以外，沿著脊髓下行，離開腰椎區，再沿著雙腿往下，最後抵達大腳趾。

這條路徑雖然漫長，但目的直接又明確。腦神經和脊神經的軸突則有如一張綿密的網，從腦部出發，分布至人體各個肌肉、腺體和器官。

在人類的神經系統裡，演化作用同樣留下了古怪的缺失。就拿「喉返神經」（recurrent laryngeal nerve，簡稱RLN）來舉例，先容我在此說明：人體多數神經是成對存在的，左右半身各一條，不過為求敘述方便，姑且就以左半身的喉返神經為例。

喉返神經的軸突從腦部頂端附近起源，並與喉頭的肌肉相連。喉頭肌肉受到神經的指揮，讓我們在說話、悶哼和唱歌時，能夠發出聲音，並加以控制。

始於腦部，終於喉嚨上半部，這條路徑理應很短：經過脊髓，進入喉嚨，抵達喉頭，大不了幾公分的距離吧？

錯了。喉返神經的軸突包覆在一條更出名的神經──迷走神經（vagus nerve）之內。迷走神經自脊髓往下抵達上胸部，自此喉返神經才從迷走神經中分支出來，從肩胛骨稍下處離開脊髓，接著，

左喉返神經繞經大動脈下方，然後再重新回到頸部，抵達喉頭。

喉返神經的總長度足足比預定長度多了三倍以上，繞經不需經過的肌肉和組織，和許多心臟大血管互相交纏，是心臟外科醫師替病人手術時，得特別小心注意的一條神經。

早在古希臘時代，著名的加倫醫生就發現這個古怪之處。如此迂迴的神經行進路線，有什麼功能上的意義嗎？幾乎沒有。事實

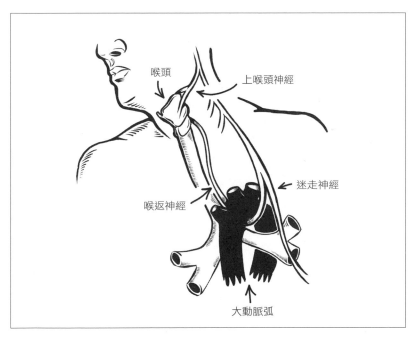

圖中所示為左迷走神經以及自左迷走神經分支出來的神經，包括喉返神經在內。喉返神經繞經胸腔回到頸部的行進路線非常迂迴，可回溯至脊椎動物早期祖先的身體構造，當時連接腦和鰓之間的神經路線非常直接，而且很接近心臟。

上，同為支配喉頭肌肉的上喉頭神經（superior laryngeal nerve），行進的路線就完全切中我們的預期。上喉頭神經同樣由更大的迷走神經中分支出來，在腦幹下方就離開脊髓，然後直接抵達喉頭，既簡單又明瞭。

那麼，為什麼喉返神經要選擇這麼一條孤單而漫長的道路呢？答案同樣藏在古老的演化歷史裡。

喉返神經源自於古老的魚類身上，所有現代脊椎動物身上都有這條神經。魚類的喉返神經連接腦和鰓，鰓可謂喉頭的祖先。然而，魚類腦子小，沒有頸部，沒有肺，牠們的心臟比較像一條肌肉軟管，不像人類的心臟有如一顆幫浦。因此，魚的中央循環系統，位置幾乎就在鰓的正後方，這一點跟人類大不相同。

魚的喉返神經離開脊髓抵達鰓，走的是一條想當然耳又兼備效率的短路徑。魚的喉返神經在這條路途中，也確實和離開魚心的部分主要血管互相纏繞，這些血管等同哺乳類動物的動脈分支。

在魚身上，神經和血管交織的狀況是合理的，這樣才能在極度局促的空間裡，以最緊密又簡單的方式安置神經和血管。然而，隨著魚類演化出四足類，再演化出人類的過程，這樣的安置方式卻也造就了人體內荒謬的結構設計。

在脊椎動物演化過程中，出現了明顯的頸部和胸部，因此心臟的位置往後移動許多。從魚類到兩棲動物，兩棲動物到爬行動物，再從爬蟲類到人類，心臟的位置距離腦部愈來愈遠，然而鰓的位置並沒有變動。就解剖學的角度而言，人的喉頭之於人腦，就如同魚鰓之於魚腦。

要是喉返神經沒有和心臟血管互相纏繞，行進路線就不會受到心臟位置變動的影響。但是從腦部出發的喉返神經確實和心臟血

所有脊椎動物的左喉返神經都會繞經大動脈下方。因此，腕龍的喉返神經長度勢必非常驚人。

管交纏，所以脫不了身，想要返回頸部就不得不繞這麼一大圈。顯然，想要從胚胎發育期著手，解開交纏的心臟血管和返喉神經，重新設計神經行進的路線，對演化作用而言不是一件簡單的任務。

　　人類的喉返神經白白繞了一大圈，經過頸部和上胸部所造成的後果，或許看起來不算太嚴重，畢竟所有四足的脊椎動物都從共同祖先「硬骨魚」那兒承襲了相同的結構設計。

　　鴕鳥的喉返神經其實只需要行進二至三公分的距離，就可以發揮功用，但鴕鳥喉返神經沿脊髓下行的長度就有一公尺，再返回到

頸部又是一公尺的距離。長頸鹿的喉返神經長度高達五公尺！更別提迷惑龍、腕龍，和其他隸屬蜥腳亞目的恐龍，牠們的喉返神經有多長了。這麼一比較，人類似乎應該懂得知足。

脆弱的頸部

　　說到人類頸部，可不只有繞路神經這一件怪事而已。說真的，人類的頸部簡直是場災難。對早期人類來說，頸部是剛出現不久的演化產物，跟人體其他重要結構相比，頸部簡直毫無保護可言。頸部上方的腦子，外有又厚又重、可承受衝擊的腦殼加以保護；頸部下方的心和肺，則由強韌有彈性的肋骨籃包圍著，而肋骨籃又有同樣強健的扁平胸骨為支柱。

　　為了想辦法保護腦部和心肺系統，演化作用著實費了不少功夫，卻徒留連接腦部和心肺系統的頸部如此脆弱。附帶一提，人類的內臟器官也缺乏保護構造，不過這個演化故事改天再說吧。

　　光憑赤手空拳，想要傷害你的腦部或心臟並不容易，但只要一個迅捷的動作，就能折斷你的脖子。這般脆弱的頸部不是人類的專利，不過人類有人類特有的問題。舉例而言，人類的頸部能夠順暢轉動，全靠脊椎的功勞，但脊椎非常容易脫位。再說讓新鮮空氣得以順利進入肺部的氣管好了，氣管就在頸部前面那層纖薄皮膚之下，就算敵人手拿鈍器，只要稍微施點力，也能輕易戳破你的氣管。總之，人類的頸部脆弱得不像話。

　　人類的頸部還有個很基本的缺點：有根管子從嘴巴開始一路通到脖子的中間，這是消化系統和呼吸系統的共用通道。這也表示食物和空氣都會通過喉嚨，你知道這會造成什麼麻煩吧？

　　這樣的構造不只出現在人類身上，鳥類、哺乳類，和爬行動物的喉嚨結構幾乎都一樣。但是，常見的狀況並不代表它就不是個缺點。事實上，這種常見的拙劣結構設計證明了演化過程有實際上的限制。

　　突變可以帶來小規模的結構調整，但是無法達到重新設計的地步。多數高等動物的喉嚨，都是食物和空氣的共同通道。食物和空氣經由不同通道進入動物體內，無論在衛生、免疫防禦、以及不同系統的保養維持上，都是比較合理的設計，然而在許多動物身上，包括人類在內，演化還是設計了較不合理的解決方式。

沒效率的潮氣呼吸

　　就呼吸的層面來看，我們的身體簡直是設備不足。空氣通過喉嚨裡的那一根管子之後，藉由許多分支進入肺部。這些分支的末端是封閉且充滿空氣的氣囊，透過氣囊的薄膜，氣體發生交換，呼氣的過程則正好相反。空氣就像潮汐一樣，在這些分支裡來來去去，因此人類的呼吸方式又稱為「潮氣呼吸」（tidal breathing）。

　　這種呼吸方式沒效率到極點，因為當我們吸入新鮮空氣的當下，肺裡仍有大量不新鮮的空氣。新舊空氣混在一起，形同稀釋了肺裡新鮮空氣的含氧量。肺部的陳舊空氣限制了氧氣的運輸，所以我們必須借助深呼吸來獲得更多新鮮空氣，對氧氣需求量大的時候尤其如此，好比運動過後。

　　想要深刻體驗這種潮氣呼吸法究竟對身體造成多大負擔，試著用嘴巴含根管子來呼吸就知道。不過，如果管子長度稍長，無論你如何用力吸氣，最後都會逐漸窒息，所以別試太久。

　　如果各位有過浮潛經驗，應該就深刻領教過潮氣呼吸法有多麼沒效率。即便浮潛時只是輕輕鬆鬆動動手腳划個水，若無其事地漂浮著，你還是得靠深呼吸才能保持呼吸舒暢的感覺。人類每吸一口氣，都是新舊空氣混合的狀態，空氣進入肺的管道愈長，吸氣時混雜的舊空氣愈多。

　　呼吸可以有更好的方式。在許多鳥類身上可以看到，空氣經由兩條不同管道抵達肺部的氣囊。吸入的空氣直接進入肺部，不會與舊空氣混合。舊空氣則集合至向上的通道，而這些通道只在喉嚨的高處才和氣管相接。空氣以單向流動的方式進入肺部，就能夠確保每一次吸入的空氣幾乎都是新鮮的，這樣的結構設計才是有效率的呼吸方式。

　　因此鳥類只要輕淺地呼吸，就可以獲取我們深呼吸才能得到的新鮮空氣量。這種經過重大改良的呼吸方式對鳥類非常重要，因為飛行需要大量的氧氣。

為何人類容易噎死？

　　人類喉嚨的結構設計，帶來的最大危險並非窒息，而是噎到。光是2014年，美國就有近五千人因噎而死，多數是被食物噎死的。如果空氣和食物，在進入人體管道時能夠分開，就不會發生悲劇。

　　鯨目哺乳類動物，像是鯨和海豚，都具有噴氣孔。這是一種強大的演化創新構造，為空氣提供了專用通道。許多鳥類和爬行動物的鼻孔中，也存在和呼吸有關的優異設計，可以不經過喉嚨，直接把空氣送進肺裡，如此便可避開新舊空氣混雜的問題。所以，蛇和某些鳥類在慢慢吞嚥享受大餐的同時，仍可以持續呼吸。人類和其

他哺乳類動物就沒有這樣的構造，所以吞嚥時必須暫時停止呼吸。

雖然所有的哺乳類動物都會遇到異物進入氣管的麻煩，但人類特別容易噎到，原因在於人類演化史近期發生的頸部結構改變。其他猿類動物喉頭所在的位置比人類稍低，因此喉嚨相對較長，這麼一來，與吞嚥有關的肌肉就有更多運作空間。

所有的哺乳類動物在吞嚥時，會厭軟骨會蓋住氣管通道的開口，好讓食物順利經由食道進入胃，而不會跑進肺裡。當然，這樣的機制通常運作得很順利，但事情總有意外。而且，在人類演化近期，喉頭位置稍微往上移動，導致喉嚨的長度縮短，可以順利完成吞嚥的空間也變得緊迫。

多數科學家相信，現代人類的喉頭之所以往上移，是為了加強發聲能力。喉嚨長度變短之後，人類能用其他猿類做不到的方式扭曲軟顎，以便發出多元的聲音。的確，今日世界各地許多語言的母音，只有人類這種特殊的喉嚨才能發出。非洲撒哈拉以南地區有許多語言，語音單元包括了喉嚨發出的咕嘟聲，這種因為喉嚨後壁肌肉縮攏而產生的聲音是人類的專利。

不過，若要說我們演化出這樣的喉嚨結構，主要目的是為了發出這些聲音，恐怕就誇張了點。在喉頭位置逐漸提高的過程中，我們必然能發出各種不同的聲音，咕嘟聲不過是其中一種罷了。

這種獨一無二的發聲能力是需要付出代價的。喉頭位置提高代表喉嚨變得更短，吞嚥所需的空間受到擠迫，所以進食特別容易出差錯。對嬰兒來說，吞嚥尤其危險，因為他們小小的喉嚨裡實在沒有足夠的空間來完成這種極度複雜，又非常講究肌肉協調性的基礎動作。有經驗的人都知道，人類的嬰兒和孩童老是噎到，但其他動物的新生兒就沒有這種困擾。

　　要說明天擇演化有其限制，吞嚥就是個好例子。突變是演化作用的基礎，但是隨機發生的突變實在無力改變人類這種結構複雜、又帶有根本缺陷的喉嚨。我們只能想辦法順應空氣和食物必須共用管道的詭異現實。

人類其實不良於行

　　接下來，我要談談另一種不同的演化動態，藉此說明人體另一項設計缺陷，內容和多數人最基本的日常活動有關：雙腳移動。不過這個缺陷並不是演化作用「無法」解決的問題，而是演化「尚未」解決的問題，至少目前看來是如此。問題的癥結在於我們還沒完全適應這種結構，它就是我們的膝蓋。

　　靈長類動物以四肢著地的方式移動，只有人類以雙腳行走，這就是所謂的「雙足步行」（bipedalism）。觀察大猩猩、黑猩猩和紅毛猩猩，會發現除了在樹枝間擺盪之外，牠們行走時用雙手的指關節和雙腳與地面接觸。當然，牠們也能夠雙腳站立，以笨拙的姿態走上一小段距離，不過這種移動方式對牠們而言並不舒服，也不是牠們擅長的移動方式。

　　為了直立行走，人體結構產生相應的演化，主要發生改變的地方包括腿、骨盆和脊柱。雙足步行加快了人類的移動速度，而且四肢著地的移動效率很差。

　　事到如今，針對雙足步行的姿態，我們一定已經演化到完美境界了吧？並沒有。

　　針對直立行走的姿態，人體結構的演化其實尚未完成。人體有幾項缺陷導致我們無法完成整個演化過程。舉個例子來說，我們的

腸道和內臟器官，只靠著「腸繫膜」（mesentery）這種薄薄的結締組織來固定位置。

腸繫膜有彈性，讓腸道可以鬆散固定在人體內。然而，腸繫膜並不是從腹腔頂端往下懸吊的組織，雖然這樣對於雙腳站立的姿態而言比較合理。人體內的腸繫膜附著在腹腔的背面，跟其他猿類動物一樣，這對以四肢行走的猿類來說，是合情合理的設計，但是對用雙腳行走的人類來說就不是這麼回事，而且還可能會造成偶發性的問題。

人類如果長時間久坐少動，會導致腸繫膜過度疲勞，進而形成撕裂傷，這時候就需要動手術了。演化作用之所以沒能矯正這項缺陷，是因為這項缺陷並沒有為人類帶來太大的選汰壓力。在長時間開車和久坐辦公桌尚未成為普遍的職業之前，腸繫膜撕裂傷非常罕見。不過，這項糟糕的體構設計，仍然導致人類腹腔結締組織出現不必要的迂迴結構。

脆弱的前十字韌帶

除此之外，還有更糟糕的問題。各位聽過「前十字韌帶」吧（anterior cruciate ligament，簡稱 ACL）？如果你是運動愛好者，一定對這個名詞不陌生。

前十字韌帶撕裂傷是非常普遍的運動傷害，在橄欖球員身上尤其常見，在棒球員、足球員、籃球員、田徑選手、體操選手，和網球員身上也時有所聞。基本上，只要從事衝撞力度大，移動速度快的運動，都可能碰上這個問題。

前十字韌帶位於膝蓋中央，膝蓋骨下方，深入關節內部，連接

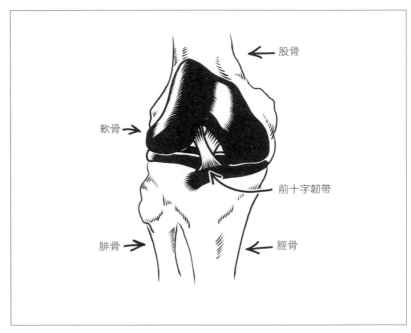

股骨

軟骨

前十字韌帶

腓骨

脛骨

這是人類膝蓋中骨骼和韌帶的相對位置圖,移除膝蓋骨後,才能看見前十字韌帶。人類尚未完全適應雙足步行,相對纖弱的韌帶承受著超乎負擔的壓力,所以人類的前十字韌帶特別容易撕裂受傷,運動員尤其如此。

股骨和脛骨,要負責固定大腿和小腿的位置。人類的前十字韌帶很容易撕裂,因為直立的姿態迫使前十字韌帶承受超乎負擔的壓力。

　　四足動物跑跳時形成的壓力分散在四肢,四肢的肌肉負責吸收大部分壓力。人類的祖先開始直立行走之後,這些壓力得由雙腿來承擔。對於肌肉而言這是過度的負荷,所以腿骨也得來蹚渾水。

　　人類的雙腿直立之後,骨骼也隨之直立,所以跑跳時所形成的壓力,主要由腿骨來吸收,而非肌肉。比較人類和猿類的直立站姿

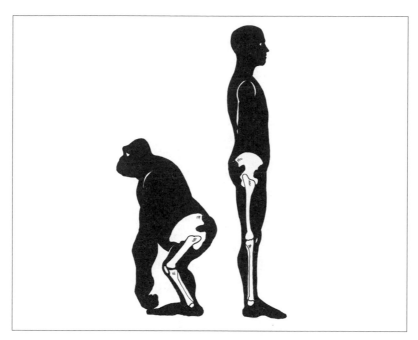

比較人類和猿類的自然站姿可以發現，直立姿態導致人類行走時，腿骨必須承受大部分的體重。而猿類的腿通常呈現彎曲，這樣一來，肌肉也能分擔承受體重造成的壓力。

可以發現：人類的腿站得很直，而猿類的腿則呈現弓形，通常是彎曲的。

　　就正常行走和跑動而言，直立的雙腿還承受得住。然而如果行進的方向或動量瞬間發生改變，好比你跑著跑著突然停下來，或者高速行進的時候突然急轉彎，這種突然改變造成的巨大壓力必須由膝蓋來承擔。有時候，大腿骨和小腿骨之間呈現扭轉或分離的狀況時，前十字韌帶根本無力發揮固定的作用，因此撕裂受傷。

更慘的是，當人體的體重愈來愈重，前十字韌帶更難負擔行進方向或動量遽變帶來的壓力。在運動員身上尤其如此，他們的體重通常比較重，而且經常在高速下轉換重心。隨著運動員的愈來愈強壯，體重愈來愈重，前十字韌帶受傷的狀況也愈來愈普遍。

既然體重沒有變輕，我們對這個問題實在束手無策。前十字韌帶和膝蓋密不可分，也無法透過運動的方式增加前十字韌帶的強度。事實擺在眼前：不斷重複承受壓力並無法讓前十字韌帶變得更強壯，反而更脆弱。

而且前十字韌帶一旦撕裂，只能靠手術來修復。動過手術之後的膝蓋，需要一段漫長的復原和復健時間，因為韌帶裡沒有太多血管，平常負責修復、重建組織的細胞，在膝蓋裡也為數不多。正因如此，前十字韌帶撕裂傷是職業運動員最畏懼的運動傷害。前十字韌帶一旦受傷，整個賽季大概就報銷了。

過勞的跟腱

說到人類那不完美的演化，負責連接小腿肌和腳跟的「跟腱」（Achilles tendon）又是另外一個例子。在逐漸轉換成直立行走的過程中，人體所有非骨骼的結構裡，就屬跟腱經歷的變化最大。隨著我們的祖先慢慢直起身子，承受體重壓力的工作也逐漸從膝蓋轉移至腳跟，導致跟腱的負荷增加。

跟腱是一條動態的肌腱，也是人類腳踝最明顯的特徵，面對直立行走的新狀況算是適應得非常良好。為了接下沉重的新任務，跟腱大幅度擴張，變得更強壯，如此一來才能面對需要耐力和強度的直立行走姿態，用吃苦耐勞來形容跟腱一點也不為過。

　　然而，正因為踝關節大部分的壓力都落在跟腱上，跟腱也成了踝關節最脆弱的部分。跟腱受傷是另一種常見的運動傷害，雪上加霜的是，位於腳後跟的跟腱在大部分時候都暴露在外，毫無受到任何保護。

　　跟腱一旦受傷，連走路都別想了。這項拙劣的設計問題在於：整個踝關節的運動功能，竟然完全仰賴身體最脆弱的部分來完成。想必任何一位現代的機械工程師，絕對不會設計出有如此明顯弱點的關節。

人類獨享的椎間盤突出

　　我們的祖先開始行走之後，人體經歷改變的關節可不只膝蓋和腳踝而已。人體的背部結構也得重新調整。

　　說來諷刺，雖然身子立了起來，但我們的背部卻更加彎曲，尤其是下背部。為了將上半身的體重平均分散到骨盆和腿部，我們的下背部明顯向內凹。經過演化，人體下背部的骨骼數量還增加了，這樣才能有辦法向內凹。所以當你站直的時候，下背部是彎曲的，長時間下來，下背部當然會疲勞。工作需要久站不動的人，最常發生下背部疼痛的狀況。

　　跟背部其他問題比起來，下背部疲勞還算是輕微的。人體背部有些問題直接導向體構設計的缺陷。所有脊椎動物，脊柱中各個脊椎骨關節之間，都有椎間盤這種可以緩衝壓力的盤狀軟骨。椎間盤雖然堅硬，但具備可壓縮性，所以能夠吸收衝擊和壓力。椎間盤就像橡膠，讓脊柱既柔軟又強壯。然而人類的椎間盤常會「脫出」，因為椎間盤插入脊椎的方式顯然不適用於直立的人類。

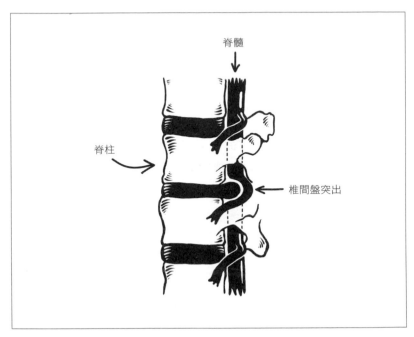

脊髓

脊柱

椎間盤突出

人類脊柱椎間盤突出的示意圖。當我們的祖先逐漸適應站立的姿態，腰椎變得特別彎曲。而人類椎間盤的安置方式，並未徹底符合我們這種直立又彎曲的脊柱。因此人類的椎間盤有時會「脫出」，帶來疼痛。

　　所有脊椎動物椎間盤的排列方式，都符合動物的自然姿態，獨獨人類不是如此。

　　舉例來說，魚類脊柱所承受的壓力和哺乳類動物的脊柱截然不同。魚類利用脊柱使身體變得硬挺，以身體兩側拉動脊柱的方式完成游泳動作。既然在水中優游，魚類的脊柱不太需要面對重力和吸收衝擊的問題。然而，哺乳類動物的體重必須由肢體來承擔，而且肢體必須和脊柱相連。不同的哺乳類動物有不同的姿態，因此各以

不同的策略來完成透過脊柱分散體重的任務。

　　在自然界，動物脊柱的類型豐富多元，而椎間盤排列的方式，也都順應著動物的姿態和步態。但是，人類不是這樣。

　　人類的椎間盤，適合四肢著地的行走方式，不適合雙足步行。雖然椎間盤依舊盡責扛起支撐脊柱、緩衝壓力的工作，但比起其他動物，人類的椎間盤就是特別容易因為受力而移位。

　　椎間盤的結構可以把脊椎關節往胸腔拉，藉此抵抗重力，但這只適用以四肢著地行走的方式。人類站起來之後，重力把脊柱往下拉，往後拉，而不是往胸腔拉。經年累月下來，這種不平均的壓力造成椎間盤突出，也就是常聽見的椎間盤脫出。靈長類動物中，幾乎只有人類會遇到椎間盤突出的問題。

　　人類的祖先大約在六百萬年前開始直立行走，這可謂人類和猿類走上分歧道路之後，最先出現的外在變化。然而人類身體結構沒有足夠時間可以趕上這樣的變化，所以我們並未完全適應直立行走的姿態。說來雖然可惜，卻也毫不意外，最起碼我們的脊柱裡每一塊脊椎骨都有發揮作用。

骨頭界的冗員

　　之前我曾經提到，為了因應直立行走的姿態，人類的下背部經過演化之後，多了幾塊骨頭。顯然，必要的時候，複製幾塊骨頭這件事，演化作用還做得到，但是如果要除掉人體不再需要的骨頭，演化作用就沒這麼給力了。

　　骨頭太多這個問題不只發生在人類身上。自然界有許多動物，體內都有不需要的骨頭、不能彎曲伸展的關節、沒有任何附著點的

結構，以及弊大於利的附肢。

這個問題的根源，在於動物的胚胎發育過程極為複雜。動物的身體之所以能夠成形，需要仰賴成千上萬的基因的啟動和關閉，這整個過程必須以非常精準的順序完成，在時空上達到互相協調的完美境地。

如果動物體內有一塊骨頭已經不具備存在的意義，想要消除它可不像按下一個開關這麼容易，這牽涉到數百個，甚至千個萬個基因的啟動，而且這麼做的同時還不能影響到其他與這些基因有關的無數個結構。

別忘了，天擇是隨機發生的。這個過程就像叫一隻黑猩猩敲擊打字機一樣，如果等待的時間夠長，黑猩猩終究會打出一首十四行詩，問題在於你要等得夠久。就體構設計而言，結果就是出現許多無用的累贅。

人體一些最不可思議的累贅結構，出現在骨骼裡。就說手腕吧，手腕的確是很能幹的關節，這一點無庸置疑。儘管來自手臂的血管、神經和其他肌腱，必須和手部精準連接，人類手腕往各個方向旋轉、扭轉的範圍仍將近一百八十度。

然而，人類手腕實在複雜得太過多餘。手腕裡一共有八塊骨頭，這還不包括兩塊來自前臂和五塊來自手部的骨頭。在手腕這麼小的區域裡，竟有八塊構型完全不同的骨頭，簡直像一堆石頭卡在手腕裡，想必一定具備很多功能吧！

整體而言，這些腕骨確實很有用；但個別來看，它們沒有功能。手掌有任何動作時，腕骨也只是靜靜待著，什麼也不做。的確，腕骨中複雜的韌帶和肌腱連結了手臂和手掌的骨頭，但是這樣的排列組合實在過於複雜且累贅。

　　多不見得是壞事，如果我們的跟腱能夠這麼複雜也不錯，但骨頭太多就不妙了。多餘的骨頭代表肌腱、韌帶和肌肉的附著點增加。每一個附著點都是弱點，可能需要承受壓力，就像前十字韌帶一樣，有因為疲勞衰弱而撕裂的風險。

綁手綁腳的結構設計

　　人體有許多設計精良的關節，好比肩關節和髖關節，但是我們的腕關節並不是其中之一。正常的工程師並不會設計出有這麼多個別零件的關節。

　　這樣複雜的設計除了造成空間雜亂，還限制了可動範圍。合理的腕關節設計應該讓手腕能夠全方位轉動，讓手指能夠向後彎曲碰到手臂。事實顯然不是如此。腕骨數量太多並沒有擴大手腕的運動範圍，反倒成了一種限制。

　　人類的踝關節也有太多雜亂的骨頭。踝關節一共有七塊骨頭，有多數的骨頭並沒有存在意義。踝關節的工作負擔顯然比腕關節來得重，畢竟踝關節必須承擔身體重量，而且在人體整體運動中擔任核心角色。

　　但也正因如此，構造簡單的關節對人體比較有利。踝關節中有太多無法連動的骨頭，如果這些骨頭能併合成一塊單一的骨頭，就不需要這麼多韌帶。

　　踝關節的構造愈簡單，愈能提升關節強度，現有的受壓弱點也將不復存在。踝關節之所以這麼容易翻轉扭傷，也是因為骨頭太多的關係。由雜亂無章的骨頭組合而成，踝關節注定是個經常故障的人體構件。

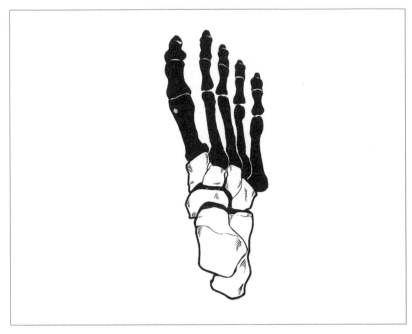

人類踝關節中有七塊骨頭（圖中白色部分），彼此相對位置固定。沒有哪一位工程師會設計出擁有這麼多個別構件的關節，卻讓這些構件固定不動。然而，不可思議的是，這種骨頭排列雜亂無章的關節，多數人並不覺得困擾。

尾巴的遺跡

說到無用的骨頭，腕關節和踝關節可謂最經典的例子，然而，人體內無用的骨頭還不只如此。

現在讓我們來聊聊尾椎骨，脊柱最末端的三至五節脊椎骨併合而成的Ｃ型尾椎骨，在人體內毫無用處，不具備任何包覆或保護的功能。脊椎骨的功能在於保護脊髓，然而脊髓末端的位置遠高於尾

椎骨的開端。尾椎骨其實是人類那些有尾巴的祖先，留在我們體內的演化遺跡。

　　所有的脊椎動物都有尾巴，包括多數靈長類動物在內。人科動物則是罕見的例外，猩猩在胚胎發育時期有明顯的尾巴，只不過尾巴最終會萎縮。妊娠期進入第二十一週或二十二週時，殘餘的尾巴痕跡便形成無用的尾椎骨。

　　此外，尾椎骨上還附著了一條細小多餘的肌肉——骶尾背側肌（the dorsal sacrococcygeal muscle），如果尾椎骨沒有併合，這條肌肉能讓尾椎骨彎曲。而今看來，這只是一條無用的肌肉，附著在無用的骨骼結構上。

　　尾椎骨確實和附近的肌肉組織有所連結，當你坐著或後仰的時候，尾椎骨也分擔了承受體重的任務。有些人因為受傷或罹癌必須動手術切除尾椎骨，然而在他們身上並沒有出現任何併發症。

　　人類的頭骨，和其他脊椎動物一樣奇怪，是幼兒時期由一堆混亂的骨頭併合而成的單一骨骼結構。平均而論，人類的頭骨有二十二塊骨頭，有些人還不只這個數量。此外，其中有許多重複的骨頭。所謂重複是指同樣的骨頭分為左右兩個版本，例如左右顎骨（在中央併合），上顎骨也一樣。

　　為什麼要搞得這麼累贅？至今我們找不出明確的原因。手臂需要個別的骨骼構件可以理解，但頭骨需要這樣嗎？

　　頭骨的骨頭分成左右兩個版本就算了，為什麼人類的前臂和小腿裡也有成對的骨頭？我們的上臂只有一根骨頭，但前臂有兩根骨頭；大腿只有一根骨頭，小腿卻有兩根骨頭。前臂有兩根骨頭確實有助於手臂扭轉，但在小腿裡又不是這麼回事，除非骨折，否則你無法扭轉膝蓋以下的小腿部位。

　　而且，要讓前臂能夠扭轉，不是非得要有兩根骨頭才能辦到。事實上，前臂正是因為有兩根骨頭，所以扭轉無法超過一百八十度，否則兩根骨頭會互相牴觸。相較之下，肩關節和髖關節並沒有兩根骨頭，扭轉程度卻比手肘好得多。市面上絕對找不到任一款機械手臂，以我們這種不合理的骨骼結構為模擬對象。

　　人體的結構有其美妙之處，這一點自然不在話下。對於生存環境，人類適應得不錯，但還不到完美的地步，在這之中確實有些不完美的地方。

　　如果，人類祖先過著狩獵採集生活的時間能再長一點，不要那麼快進入有疫苗和醫療手術的現代世界，演化作用或許有機會讓人體結構更臻完美。

　　然而，任何環境都是動態的，人體現有的不完美，是演化作用折衷的結果。演化是一個持續的過程，總有未竟之處。生物的演化和適應，就像在跑步機上跑步，我們必須不斷適應環境，以免絕種的厄運臨頭，但也可能跑了半天，卻覺得仍待在原地不動。

本章結語：海豚「後鰭」的啟示

　　人體內有許多無用的骨頭，其他動物身上也有遺跡結構和多餘的骨頭。舉例而言，有些蛇的體內留有些微的骨盆遺跡，然而牠們的四肢早已消失，這些骨盆遺跡並沒有附著在任何結構上，也不具備任何功能。但這些遺跡對蛇的生存並沒有太大影響，否則天擇作用會讓它們從蛇的體內完全消失。

　　許多鯨的體內也有骨盆遺跡，佐證鯨的那些曾經有腳的祖先至

少在四千萬年前重新回到海洋。回到海洋中生活後，鯨的祖先的前肢逐漸演化為胸鰭，後肢則退化得無影無蹤。

2006年，日本漁夫抓到一隻有著「後鰭」的海豚。這隻罕見的海豚編號AO-4，被送往位於太地町的鯨魚博物館，除了展示之外，也供專業人員做進一步的研究。

這對小而形狀完整的後鰭，說明了海豚發育過程中出現一次強大的突變事件。這個隨機發生的突變推翻了先前的突變，罕見程度

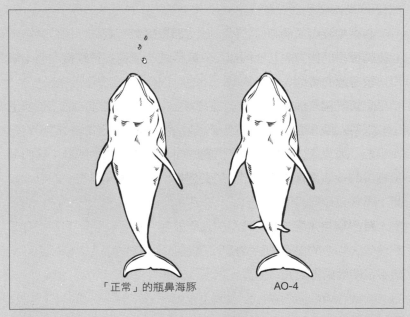

「正常」的瓶鼻海豚　　　　　　　　　AO-4

比起一般海豚（左），AO-4海豚（右）多了「後鰭」。AO-4的後鰭雖小但形狀完整，很可能是因為一次自發性的突變事件，取代了先前致使後鰭完全消失的突變。這種「自發性的反突變」提供了罕見的機會，讓我們得以一窺突變隨機發生的過程中，生物如何適應環境。

就跟閃電擊中相同地方一樣難得,其中蘊含了豐富資訊。

在我撰寫這本書的同時,還沒有任何與 AO-4 突變相關的正式報告出現,但科學家會繼續努力探索箇中奧妙。

看來,海豚的後鰭並非慢慢退化至了無痕跡,而是透過一次突變就完全消失。這種「高衝擊性」的突變極有可能就是導致人類下背部脊椎骨數量增加的推手,讓我們適應直立行走的姿態。

不相信?每一天,世界各地都有新生兒出生,他們之中有些人多了幾根形狀完整、功能正常的手指或腳趾。但是,在人類演化的歷史中,如果十二根手指能夠提供巨大的生存優勢,保證現在人人都有十二根手指。

基因變化對胚胎發育有深遠的影響,如果在對的時間點發生突變,生物的體構設計會因此產生巨大的改變。這些隨機發生的突變,常導致有害的先天性缺陷,然而,演化的時間尺度非常遼闊,看來不可思議的罕見事件,仍然有機會發生。

通常,我們無法從動物身上看見牠們過去生活的模樣,然而 AO-4 身上的突變,揭開了演化神祕的面紗。有時,突變的結果可能遭推翻,帶來巨大的改變。我們常說演化以緩慢又穩定的方式進行,因此很難把演化和巨變畫上等號,然而 AO-4 的出現正好提醒我們,這個等號有時是存在的。

第二章

難纏的飲食需求

為什麼人類的飲食中需要維生素 C 和 B_{12}，

而其他動物不用？

儘管攝取大量的鐵，

為什麼將近半數的小孩和孕婦都有貧血問題？

為什麼我們注定留不住鈣質？

在書店或圖書館隨意瀏覽，不難發現有許多和食物及飲食相關的書籍。內容包括烹飪歷史、異國食物和古老的食物、食譜，當然不乏飲食指南和教你如何吃得時尚的書籍。

我們周遭時時存在著各種提醒，告訴你該吃哪些食物：多吃蔬菜、別忘了水果、均衡的早餐很重要、記得攝取大量的纖維、肉類和堅果是重要的蛋白質來源、一定要攝取omega-3脂肪酸、乳製品是重要的鈣質來源、葉菜類有鎂和維生素B群、老是吃同樣的東西對身體健康沒幫助，飲食要多元才能獲得身體所需的各種營養……

除此之外，坊間有各式各樣的營養補品。如今，多數科學家認為這些生產營養補品的公司根本就是詐騙集團（沒錯，我說的就是那些植物萃取物）。

雖然這些錠劑或粉末多數確實含有保健所需的維生素和礦物質，但有些人並不能從飲食中獲得身體需要的所有物質；有些人就算吃了也無法完全吸收。偶爾，我們是需要來點補充，好比大家總說要多喝牛奶補充鈣質，因為人體無法自行產生足量的鈣質供我們使用。

無法自給自足的人體

現在，讓我們來比較人類的飲食和牛的飲食。牛只要吃草就能活，牠們的壽命很長，身體也非常健康，還能生產美味的牛奶，又是營養豐富肉品來源。大家總說要多吃豆類、水果、纖維、肉類和乳製品，而牛不需要這麼吃也能活得好好的，為什麼？

先把牛放在一旁，看看你養的貓或狗。想想看，牠們吃得多簡單？多數的狗，飲食組成不過就是肉和米，既沒有蔬菜也沒有水

主要飲食維生素及其缺乏症

維生素	別　稱	缺乏症
A	視黃醇	維生素 A 缺乏症
B$_1$	硫胺素	腳氣病
B$_2$	核黃素	核黃素缺乏症
B$_3$	菸鹼酸	糙皮病
C	抗壞血酸	壞血病
D	膽沉鈣醇	佝僂病、骨質疏鬆症

主要飲食維生素及其缺乏症。人類適應了飲食豐富多元的生活，如今必須靠高度多元的飲食，才能滿足自身合成量已經不再足夠的各種微量營養素。

果，也不用補充維生素。只要不要吃得過量，狗光靠這樣飲食就能活得長壽又健康。

　　這些動物是怎麼辦到的？很簡單，就吃而言，牠們的身體有比較好的設計方案。

　　人類對飲食的需求遠遠大於世界上任何一種動物。人體無法製造許多其他動物能製造的物質。既然我們無法自行製造身體所需的養分，只好透過飲食來補充，否則根本活不下去。

　　這一章，我們要來談談和人類飲食需求有關的故事，而一切都是因為我們這副皮囊無法製造身體所需的物質，就連最基本的維生素也製造不了。

　　維生素又稱必需微量營養素（essential micronutrient），是一類我

們必須從飲食中攝取的分子和離子。少了它們，人體無法保持健康，也活不下去。其他必需微量營養素還包括礦物質、脂肪酸、胺基酸，而維生素是這類微量營養素中最大型的分子。

許多維生素可以幫助體內其他分子進行關鍵的化學反應。舉個例子，維生素C至少是八種酵素的好幫手，其中三種是膠原蛋白合成必不可少的酵素。雖然人體具有這些酵素，但如果少了維生素C，這些酵素便無法製造膠原蛋白。酵素無法正常作用時，身體就會出毛病。

維生素C之所以稱為人體「必需」的微量營養素，並不是因為它很重要，而是因為我們「非得」要從飲食中才能獲得維生素C。所有的維生素都很重要，甚至對人體健康有關鍵影響，所謂「必需」，代表這些是人體無法自行製造的營養素，因此一定要從飲食中獲取。

除了維生素C，還有其他必需維生素在人體內執行重要功能。維生素B可以幫助人體獲取食物中的能量；維生素D可以幫助人體吸收、利用鈣質；維生素A對視網膜的功能有關鍵影響；維生素E則在人體內扮演廣泛的角色，像是保護組織不受自由基以及化學反應的有害副產物傷害。

以上這些維生素具備一個共通點：它們都是人體無法製造的物質。這也造就了維生素A、B、C、D、E，與維生素K、Q的差別。沒聽過維生素K跟Q嗎？因為這些不是我們必須從飲食中攝取的維生素。雖然如此，它們仍舊十分重要，只不過人體可以自行製造這類維生素，不需要透過飲食來攝取。當人體無法製造某種維生素，又不能從飲食中攝取足量，對健康真的會產生有極大影響。維生素C就是個好例子。

在美國，學童接觸的美國史通常都是由十五、十六世紀歐洲人探索美洲大陸開始說起。我在學校曾聽過一個印象特別深刻的故事：船員在長途航行出發前，一定會帶上馬鈴薯或萊姆，以免途中染上壞血病。

大家都知道壞血病這個可怕的疾病是因為缺乏維生素C而引起的，少了維生素C，人體便無法製造膠原蛋白，而膠原蛋白是「胞外基質」（extracellular matrix，簡稱ECM）的重要成分。

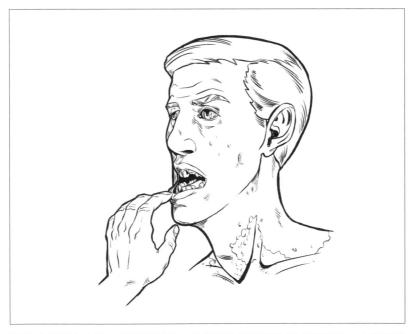

壞血病的外表病徵。這種可怕的疾病是因為缺乏維生素C所引起，人類的祖先本來可以自行製造維生素C，然而現代人只能透過飲食來攝取這種必需微量營養素。

可怕的壞血病

胞外基質就像細微的骨骼，分布在器官和組織中，負責固定器官和組織的形狀及結構。少了維生素C，胞外基質變得脆弱，組織無法保持完整，骨骼容易碎裂，還會導致七孔流血，身體機能潰堤。壞血病就像一部人體撰寫的反烏托邦小說。

為什麼狗只要吃肉吃米，不需要任何維生素C就能過活，而且也不用面對壞血病？因為牠們自己會製造維生素C。

事實上，幾乎地球上所有動物都可以透過肝來製造自身需要的維生素C，所以不用透過飲食來攝取。只有人類、靈長類動物、天竺鼠和果蝠，需要從飲食中獲取維生素C。總之，在人類演化過程中的某個時間點，我們的肝失去製造維生素C的能力。

我們怎麼會失去製造維生素C的能力呢？人體內確實存在各種合成維生素C所需的基因，但其中有一個基因發生突變，因此失去功能。這個發生突變的基因就是 *GULO* 基因，這個基因的蛋白質產物是製造維生素C的關鍵酵素。

靈長類祖先在某個時間點，體內 *GULO* 基因發生突變，導致基因失去功能，之後突變繼續隨機發生，基因中又累積一些小錯誤。這樣的基因被科學家稱為「假基因」（pseudogene），彷彿在嘲笑這些無用的DNA片段。

檢視人類的基因組，依然可以輕易找出 *GULO* 基因，它就在那兒，而且基因中大部分密碼仍和其他動物體內的一樣，但是在幾個關鍵位置上發生了突變。這就好像你拔掉了汽車的火星塞，車子還是車子，你可以輕易辨別這是一輛車，不仔細看不會發現問題。但是這輛車已經失去車子的功能，而且還不是什麼小毛病，是到了完

全不能開的程度，即便車子外觀沒有太大變化，但壞了就是壞了。

這就是發生在 *GULO* 基因上的狀況，事情發生在很久很久以前，一次偶然的突變，拔掉了這輛車的火星塞。

人類演化過程中，像這樣的隨機突變持續發生，這些突變通常不會造成任何影響，但也有些突變正好發生在重要基因上，這種情況就不太妙了，因為突變會干擾基因的功能，人體的狀況也會變差。如果突變帶來致命的遺傳疾病，如鐮形血球貧血症（sickle cell anemia）或囊腫纖化症（cystic fibrosis），人體狀況會變得非常糟。

通常，最致命的突變無法在族群中繼續存在，因為發生突變的個體無法生存。這時候，問題就來了：為什麼 *GULO* 基因突變可以繼續存在？壞血病可是會鬧出人命的耶！這樣的突變應該趕快消失，以免致命的基因錯誤繼續在族群中作亂。

這個嘛，事實可能不是這樣。

如果就是這麼巧，發生 *GULO* 基因突變的靈長類，平常就能從飲食中獲得大量維生素C呢？這樣一來，對發生突變的個體而言，失去自體合成維生素C的能力並無大礙，畢竟日常飲食中就有許多維生素C。哪些食物富含維生素C呢？柑橘類水果；柑橘類水果主要生長在哪呢？熱帶雨林；靈長類主要棲息地在哪？說到這，我相信你已經懂了。

靈長類的祖先為什麼能夠忍受 *GULO* 基因突變？因為飲食中就已經有大量的維生素C，壞血病根本不是問題。從那之後，除了人類以外的靈長類動物，幾乎一直生存在熱帶雨林中。就靈長類祖先無法自行合成維生素C這件事來看，熱帶雨林既是因也是果。藉由突變破壞一個基因很容易，但想要修復就難了。這就好比遇上一台故障的電腦，你或許可以修好它，但你更想砸爛它。

　　*GULO*基因出問題這件事，不只出現在靈長類動物身上，還有少數動物也有此問題。想當然耳，那些能容忍這種基因突變的動物，一定能輕易從飲食中獲取大量維生素C，好比果蝠的食物是……水果。

　　說來有趣，人類和其他無法自體合成維生素C的動物一樣，會藉由增加對維生素C的吸收能力，來彌補這項缺憾。可以自行合成維生素C的動物，從食物當中吸收維生素C的能力通常很差，因為牠們根本不需要。相比之下，人類從飲食中吸收維生素C的速率特別高。

　　即便我們知道要多吃富含維生素的食物，人體也特別容易從食物中吸收微量營養素，但我們還是無法完全彌補缺憾。這又是一項糟糕的人體設計。現代世界交通發達，遠方的新鮮食物很快能送到我們面前，但在過去，壞血病仍是常見的致命疾病。

得之不易的維生素D

　　其他維生素的缺乏對人體造成的困擾，並不亞於維生素C。就說維生素D吧，通常我們攝入的維生素D並不是完全活化的形態，經過肝臟和腎臟處理過後，人體才有辦法利用維生素D。皮膚中會產生維生素D的前驅物，前提是你必須接受足夠的太陽光照射，而且這樣的前驅物仍然需要進一步處理，性質才能活化。

　　飲食當中缺乏維生素D，或者陽光曬得不夠的兒童會罹患佝僂病，年長者則會罹患骨質疏鬆症。佝僂病會造成劇烈疼痛，導致骨骼脆弱，容易發生骨折且復原緩慢。嚴重時還會造成發育遲緩和骨骼畸形。

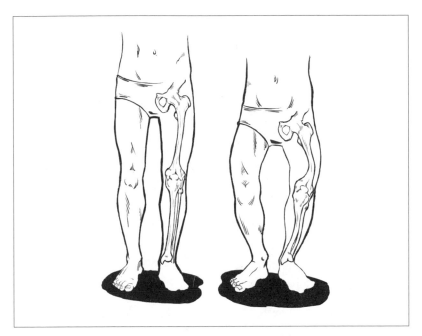

缺乏維生素 D 導致腿骨畸形，即所謂的佝僂病。人類無法從食物中自行吸收維生素 D，人體需要直接接觸陽光，才有辦法製造維生素 D 的前驅物。孩童若無法攝取足量的維生素 D，將導致終身骨骼畸形。

　　佝僂病和骨骼疏鬆症都會造成骨骼變脆和變形，引發劇烈疼痛。人體需要鈣才能保持骨骼強健，而且我們需要維生素D才能幫助我們從食物中吸收鈣質。倘若體內沒有足夠的維生素D，就算你吃盡天下所有的鈣質也無濟於事，因為你根本吸收不了。因此牛奶中常添加維生素D，幫助我們吸收牛奶中的鈣質。

　　佝僂病獨獨發生在人類身上，背後有幾個原因。

　　首先，人類是地球上唯一會穿衣服，而且經常待在室內的物

種。穿衣服和待在室內，都會減少皮膚和陽光接觸的機會，導致皮膚無法合成維生素D的前驅物。你或許會說，這總不能說是因為人體的設計很糟糕了吧？但本質上而言，這樣的設計也稱不上優良。要活化維生素D的過程已經夠繁瑣複雜，還得曬太陽？曬了也只能合成維生素D前驅物，難道是嫌不夠麻煩？根本是增加我們可能缺乏維生素D的機會。

其次，現代人的生活形態和飲食方式，導致我們並非總是能攝取到足夠的維生素D。雖然我們經常把人體缺乏維生素D這件事歸罪於現代人的飲食習慣，但事實恐怕不是這麼回事。

文明帶來創新，減少了佝僂病的發生率。為什麼？想一想，為了從飲食中獲得足夠的維生素D，我們需要吃點魚、肉或蛋。現代人生活在蓬勃發展的世界中，動物性蛋白質的來源非常豐富。然而，史前人類很少有機會能吃到蛋。雖然魚、肉是他們的主食，但也絕對不是穩定的食物來源。史前人類不是大吃就是挨餓，透過對早期人類的骨骼研究，可以發現佝僂病和骨頭脆硬是常見的問題。

大約五千年前，人類開始馴養動物以便取得肉類和蛋，這麼一來幾乎解決了佝僂病的問題。這表示，人類能夠以智慧克服身體設計上的限制。後續我們還會看見許多這樣的例子。

被沖進馬桶的 B_{12}

綜合維生素的瓶身標籤上總是列出許多維生素，其中大部分是維生素B群的成員。維生素B共有八種，我們也常以別名稱之，如菸鹼酸、生物素、核黃素和葉酸。每一種維生素B在人體內都要經歷許多化學反應，而且各有各的缺乏症。

維生素B缺乏症中，最有名的莫過於缺乏鈷胺素，也就維生素B_{12}。長期吃素的人對維生素B_{12}缺乏症應該不陌生，畢竟這是他們無法迴避的問題，缺乏維生素B_{12}會導致貧血。

由於人體無法自行合成維生素B_{12}，又由於植物生長發育並不需要這種維生素，所以植物不需要製造維生素B_{12}。因此，人類只能從從肉、乳製品、海鮮、節肢動物、其他動物性食品，和維生素補充品中，攝取維生素B_{12}。

各位吃素的朋友聽好了：你們需要維生素補充品！

那草食動物又怎麼說？世界上有許多只吃植物的動物，如果植物不含維生素B_{12}，而所有動物都需要維生素B_{12}才能存活，那麼牛、羊、馬和各種草食動物該如何避免貧血？

答案就是：牠們自己會製造。應該說，生存在這些動物大腸裡的細菌，會幫牠們製造維生素B_{12}。

你可能已經知道，哺乳類動物的大腸裡滿是細菌。細菌比動物細胞還小得多，因此在你結腸裡面的細菌，數量比你全身細胞還多。你沒看錯，人體內的細菌數量比細胞還多！

這些細菌肩負著重要的工作，好比維生素K就是由腸道細菌製造的，我們只負責吸收而已。你不需要額外補充，也不需要從食物中攝取，因為腸道裡的細菌會幫你製造。

維生素B_{12}和維生素K一樣，都是腸道細菌製造的產物，既然如此，我們為什麼還得從飲食中攝取更多維生素B_{12}？

這又是人體設計的缺點了。細菌製造維生素B_{12}的地點在大腸和結腸，但人體只能從小腸吸收維生素B_{12}，而在消化系統的排列順序裡，小腸排列在大腸之前。人體腸道裡雖然有優異的細菌可以提供維生素B_{12}，無奈腸道設計的缺點，讓我們只能把細菌製造的維生素

B_{12}沖進馬桶裡。

話說回來，如果你願意吃自己的糞便，當然可以獲取細菌製造的維生素B_{12}，但我由衷希望你不會走到這一步。

維生素B_{12}之所以成為我們必須從食物中攝取的微量營養素，原因就在於人類的腸道排列順序有問題。世界上無數的草食動物可就比我們幸運多了，牠們完全不需要煩惱去哪兒找含有這種維生素的食物來吃。

文明帶來了腳氣病

缺乏維生素B_1所引起的腳氣病，則是另一種我們相當熟悉的維生素缺乏症。維生素B_1也叫硫胺素，是人體內許多化學反應不可缺少的關鍵物質。其中最重要化學反應，莫過於將碳水化合物和脂肪轉變為可用能量。維生素B_1不足，將導致神經性的傷害、肌肉無力和心臟衰竭。

說來實在不可思議，維生素是如此重要的維生物質，人體竟然無法自行製造，只能從飲食中攝取維生素B_1和B_{12}。維生素B_1也和B_{12}一樣，是任何動物都無法自行合成的維生素，只有細菌、多數植物，和一些真菌類有辦法製造維生素B_1。就這一點而言，起碼還有其他動物跟我們一起分享身體設計的缺點。

然而除了人類，沒有任何動物會受到腳氣病折磨。事實上，根據估計，十六、十七世紀時，腳氣病僅次於天花，是人類第二大死因。又來了，為什麼只有人類遭殃？

其他動物不會罹患腳氣病的原因在於：大部分食物鏈中，位於底層的植物體內都有維生素B_1。在海洋裡，浮游生物體內能行光合

作用的細菌和原生生物,許多都具備製造維生素B_1的能力。因此,維生素B_1便逐漸從食物鏈底層向上傳遞。以浮游生物為食的濾食性動物,好比體型龐大的藍鯨,就能直接獲得維生素B_1。總之,維生素B_1就這樣不斷在食物鏈中循環。

在陸地上也一樣,許多植物體內富含維生素B_1,滿足了草食動物對這種微量營養素的需求,而這些草食動物又是肉食動物的食物,肉食動物又是頂級掠食者的食物,所謂頂級掠食者也包含人類在內,只不過我們也會吃植物就是了。

那為什麼只有人類受腳氣病折磨?答案似乎和我們準備食物的方式有關。

人類發明農業、改良農業之後,開始用各種不同的方式讓農產品變得更具風味,既可以延長保鮮期、同時又不會腐壞或走味。通常,這些方法會導致食物喪失許多營養成分。植物體內所含的營養成分分布並不均勻,為什麼?這一點我們還搞不清楚。舉個例子,馬鈴薯和蘋果所含的維生素A和C,主要都在皮裡面,把皮削掉等於去除了這些營養素。

稻殼也是這麼回事。糙米富含維生素B_1,然而製造精米的過程,也就是所謂的碾米,必須除去稻殼,好讓米粒容易乾燥,如此一來,稻米的保存期限也可以延長到數年。這種革新的稻米保存方式可以大大降低了饑荒發生的情形,在以米飯為主食的亞洲地區尤其如此。

然而,碾米的過程徹底除去了稻米所含的維生素B_1。這對亞洲地區的富貴人家來說不是問題,畢竟他們還能從肉和蔬菜中補充維生素B_1,但是對大部分亞洲人而言,腳氣病是存在歷史長達數千年的流行病。

維生素 B 群的食物來源及缺乏症

維生素	別稱	來源食物	缺乏症
B_1	硫胺素	酵母、肉、穀類	腳氣病
B_2	核黃素	乳製品、蛋、動物肝臟、豆類、葉菜類、菇類	核黃素缺乏症
B_3	菸鹼酸	肉、魚、豆類，以及除玉米之外的各種穀類	糙皮病
B_4	膽鹼 *		
B_5	泛酸	肉、乳製品、豆類、全穀	痤瘡、感覺異常
B_6	吡哆醇	魚、動物內臟、肉、根菜類、穀類	皮膚及神經功能障礙
B_7	生物素	多數食物皆含有	神經發育受損
B_8	肌醇 *		
B_9	葉酸	綠色葉菜、水果、堅果、種子、豆子、乳製品、肉、海鮮	巨紅血球貧血症、先天缺陷
B_{10}**	對胺苯甲酸		
B_{11}**	蝶醯庚谷胺酸		
B_{12}	鈷胺素	多數動物性食品皆含有	巨紅血球貧血症
* 各界對其名稱及本質沒有共識。現已不再列為維生素。			
** 現已不再列為維生素。			

維生素 B 群及其缺乏症。野生動物很少需要面對維生素 B 群缺乏症，但對人類來說，這是必須面對的重大問題，特別是農業和食品加工業出現後。

就實質層面來看，人類罹患腳氣病不能歸罪人體設計，畢竟這是我們步入文明之後才產生的狀況，而且始作俑者還是我們自己。然而這正好是個例子，可以讓人類意識到，在持續演化的過程中，我們有能力惡化自身遭受到的演化限制、也可以改善演化限制。

如果不是人類在農業和園藝上有所創新，文明不可能到來，然而這也導致生活在文明世界的人類，比過著狩獵採集生活的老祖先更容易罹患腳氣病。

文明以各種方式引導人類走上更健康的生活，人口族群快速膨脹就是鐵證。腳氣病則是人類祖先在不自覺的狀況下，做出的取捨結果。把熱量轉換為可用的能量是人體最基本的化學反應，然而人類祖先並不知道自己體內無法產生這種反應所需的簡單分子——維生素 B_1。如果說腳氣病是科技和文明發展所需的代價，似乎也不為過。

說真的，自己製造維生素的確是一項繁瑣又勞累的工作。維生素是結構複雜的有機分子，許多維生素結構非常獨特。人體若想自製維生素，必須建立一連串由酵素催化的化學反應途徑。

其中每一種酵素都是某個基因的產物，每當細胞進行分裂，這些基因必須保持完整，經過忠實的轉錄、轉譯過程，才能產生蛋白質，而且蛋白質的產量還必須接受調控，以配合實際需求。綜觀整個新陳代謝的過程，合成必需維生素所消耗的熱量雖然很少，但這個數字並不是零。

這麼說來，有些動物放棄自己合成維生素，選擇從飲食中獲取補充，似乎也不是那麼難以理解。而且，這麼做還挺合乎邏輯，畢竟，如果飲食中就能獲取維生素C，何必自己合成呢？

但是，不需要自己合成維生素，就表示可以放棄這種能力嗎？

這絕對是短視近利的做法，因為這麼一來人類再也無法甩開從飲食中補充維生素的宿命。基因一旦出了毛病，想要修復它難如登天。

胺基酸的試煉

　　胺基酸和維生素是兩種截然不同的有機分子。所有生物都要利用二十種不同的胺基酸來製造蛋白質。人體內成千上萬種不同的蛋白質，全都是由這二十種胺基酸組合出來的。這二十種胺基酸的結構很相似，因此製造它們並不需要用二十種不同的方式。有時候，只需要一次化學反應，就能讓某個胺基酸轉變成另一種胺基酸。這跟人體必須以不同的方式製造維生素的狀況相去甚遠，而且胺基酸在人體內的用途比維生素更加廣泛。

　　儘管如此，人體還是無法製造某些胺基酸，必須從飲食中獲取。事實上，這二十種胺基酸裡有九種是所謂的「必需胺基酸」，這表示人體已經喪失製造這九種胺基酸的能力。

　　我說「喪失」是因為我們的祖先本來可以製造這些胺基酸。人體內有大量彼此毫不相干的微生物，包括細菌、古菌（archaea）、真菌和原生生物。它們可以製造這二十種胺基酸，以及合成DNA、脂質及碳水化合物所需的分子。這些自給自足的生物只需要簡單的碳源能量就能維生，像是葡萄糖和氨所含的些微有機氮。

　　可以自行製造胺基酸的生物不只微生物，大部分植物都能夠合成這二十種胺基酸。說起來，植物自給自足的程度比多數微生物都高，因為植物還能利用陽光自行合成能量來源。只要一片含有些許有機氮且狀態平衡的土壤，多數植物就能這麼活下去，不需要任何外在補充。

　　植物不需要「進食」，它們可以自製食物。具備如此厲害的自給自足能力，代表植物實在不需要其他生物幫忙，至少短期間內它們不需要天天補充能量。因此植物可以在乾燥區域興盛生長一億年，慢慢形成濃密的森林，等待動物離開海洋來到陸上，開始以植物為食。

　　動物就完全跟自給自足沾不上邊了。動物必須持續吃掉其他生物，才有辦法存活。動物可以吃植物、藻類、浮游生物，也能吃其他動物。不管如何，動物必須從其他生物身上獲得有機分子，因為動物無法自行利用太陽的能量。

　　既然不管怎樣都得吃別的生物，人類因此變得有點懶惰。我們吃植物和其他動物主要是為了獲取能量，同時又能得到蛋白質、醣類，甚至是這些生物體內的維生素和礦物質。除此之外，我們還會得到各式各樣的有機分子，這麼一來，人體就不必持續自行製造這些分子了。如果你每餐都能吃到離胺酸（lysine），那又何必花費能量去製造它呢？

　　當然，每一種植物和動物體內胺基酸的含量各不相同，如果人體停止製造離胺酸，吃富含離胺酸的魚和蟹就能解決問題；但如果你的飲食是離胺酸含量極低的莓果和昆蟲，那麼就會對人體造成傷害了。

　　丟棄製造某些營養素的能力，就會帶來這種問題。為了省下一些能量，人類必須屈從某些飲食方式或生活型態，否則就會有喪命的風險。這是個危險的遊戲，因為世界不斷變動，每一個地區、每一個微環境都會遭遇各種變動與災禍。生命中，變動是唯一不變的事情。

　　然而，人類演化過程中一次又一次出現這種短視近利的取捨，

導致二十種胺基酸中有九種我們已經無法自行製造。每喪失一種製造胺基酸的能力，代表人體遭遇了至少一次的突變事件，通常甚至遭遇數次突變事件。突變隨機發生在族群個體上，這些個體之所以能繼續存活，可能純粹是湊巧，也可能是這些突變導致個體具備某些明顯的優勢。至於人類因突變而喪失製造胺基酸的能力，這件事可能純屬巧合。

攸關生死的蛋白質缺乏

人類喪失合成數種胺基酸的能力之後，並沒有獲得任何好處。當你無法從飲食中補充這些胺基酸時，還要承擔身體衰弱，甚至喪命的風險，那麼為什麼這些突變可以繼續保存在族群中？

因為人類的飲食彌補了這個缺失，就跟維生素C的例子一樣。偶爾吃吃肉類跟乳製品，通常就能提供人體足夠的必需胺基酸。素食者必須更小心規劃飲食，因為這二十種胺基酸在不同植物體內所占的比例都不一樣。因此，對素食者而言，想要確保自己吃進足夠的各種胺基酸，多元化飲食是最簡單的方式。

已開發國家的素食者想要從飲食中獲得這九種胺基酸，並不困難。只要有米飯、有豆子，簡單的一餐就足夠供應人體一天所需的胺基酸。不過米最好是糙米，豆子則是黑豆、紅豆、各種菜豆，或是鷹嘴豆就更好了。鷹嘴豆富含人體所需九種必需胺基酸，跟藜麥和其他少數幾種食物，共享「超級食物」的美譽。

然而，在貧困地區，尤其是開發中國家，人們很少能吃到如此豐富多元的一餐。

世界上有數十億人口飲食非常簡單，主食只有幾種，而且這些

主食通常不能提供完整的必需胺基酸，尤其是離胺酸。在中國一些地處偏遠的村落，最貧困的人們只能吃米，偶爾有點碎肉、雞蛋或豆腐可吃；在非洲最貧窮的地方，最艱苦的人們飲食幾乎全由小麥製品組成，一旦饑荒來襲，連小麥都沒得吃。

可想而知，這樣的狀況下，開發中國家的人們面臨著攸關生死的蛋白質缺乏症，而問題根源就在人類無法自己製造某些胺基酸。

缺乏胺基酸不是現代人才有的問題。在工業革命之前，人類經常面對缺乏蛋白質和胺基酸的狀況。人類獵捕來的大型動物，好比猛獁象，當然可以提供豐富的蛋白質和胺基酸。

然而，在冰箱尚未發明的時代，靠打獵維生的人類，只能過著不是大吃一頓就是挨餓很久的生活。乾旱、森林野火、超級風暴和冰河時期，造成長時間的嚴苛環境，那時的人類經常得面臨挨餓困境。而無法自行製造必需胺基酸的事實，讓人類面對的整體情勢更加險峻。饑荒期間，人類死亡最主要的原因並不是缺乏熱量，而是缺乏蛋白質和胺基酸。

無法自產的兩種脂肪酸

人類和其他動物喪失製造基本生物分子的能力，不僅僅牽涉到胺基酸而已。還有另外兩種稱作脂肪酸的分子。這些長鏈狀的碳氫化合物是打造脂肪和其他脂質的基本元件，如形成細胞外膜不可缺少的磷脂類。

我實在很難想出任何比細胞膜更重要的結構。這裡提出兩種我們無法製造、而且化學式唸起來都非常拗口的脂肪酸，一種是亞麻油酸（linoleic acid），是構成部分細胞膜的結構分子；另一種

是 α-亞麻油酸,則有助於調節發炎反應,這是人體內一種非常重要的過程。

算我們好運,現代人能夠從種子、魚類、各種食物油中獲得足夠的亞麻油酸和 α-亞麻油酸。還有另一件幸運的事情,許多研究指出,如果經常攝取這些脂肪酸,可以改善我們心血管系統的健康。

不過,人類並非總是如此幸運。在史前時代,特別是農業出現之前,人類的飲食簡單得多。游牧民族有什麼就必須吃什麼,他們要想盡辦法跟著食物移動。或許,多數時候人類可以吃到這些脂肪酸,但不難想像必然有缺乏的時候。有時候,生存的環境裡只有青草、昆蟲、樹葉,和偶然一見的莓果。就跟那些我們無法自己製造的胺基酸一樣,缺乏這兩種重要的脂肪酸,會讓食物危機更加惡化。

更讓人無奈的是,想要製造這兩種脂肪酸其實很容易。我們的細胞可以合成許多脂質分子,其中許多脂質分子的構造比這兩種脂肪酸還要複雜。然而現實狀況是,即便人體可以藉由這兩種脂肪酸打造出許多結構複雜的脂質,我們卻無法自己合成亞麻油酸和 α-亞麻油酸。

人類和所有動物一樣,吃下植物或其他動物,經過消化系統分解,從中吸收更小的生物分子,利用這些生物分子打造出自身所需的分子、細胞和組織。然而,這個過程並沒有順利銜接。

有許多對身體健康極重要的分子,我們並無法自行製造,所以不得不從飲食中尋求補充,為了獲取這些必需營養素,人類的生存方式和地點也因此受限。此外,對於無機分子,也就是所謂的礦物質,即便它們就存在食物裡,人體也很難吸收。

人體必需的金屬離子

對人類這種身體軟綿綿、主要成分是水的生物而言，飲食中確實需要大量金屬，這些金屬就是所謂的必需礦物質，我們必須從飲食中攝取。

金屬離子是單一原子，並不是結構複雜的分子，而且任何生物都無法自行合成金屬，必須從食物或飲水中獲得。人體必需的金屬離子包括鈷、銅、鐵、鉻、鎳、鋅、鉬。就本質而言，鎂、鉀、鈣和鈉也是金屬，同樣是我們得從日常飲食中獲取微量的離子。

我們不認為礦物質是金屬的原因在於，人體並非以元素的形態吸收或利用這些金屬。這些金屬必須是水溶性的離子狀態，才能被細胞利用。為了說明這種差別，我們就拿鈉來舉例吧。

由元素週期表上的位置可知，鈉是活性極高的金屬，和水接觸後容易著火。鈉的毒性很高，微量就足以造成大型動物死亡。然而，如果從鈉原子上移除一個電子，讓鈉原子變成鈉離子，鈉的性質就會全然改變。

鈉離子不僅無害，更在所有活體細胞裡扮演不可或缺的角色。鈉離子與氯離子結合後可以形成性質穩定的鹽。從各方面看來，元素態的鈉和離子態的鈉，是兩種截然不同的物質。

對人體而言，鈉和鉀可謂最重要的金屬離子，少了它們，任何細胞都無法發揮功能。

所幸，人類飲食中幾乎從來不曾長期缺乏鈉和鉀。所有人的體內，這兩種離子的含量都算相對豐富，哪怕你是舊石器時代飲食方式的崇尚者、嚴格的素食者，或是飲食習慣介於這兩種方式之間的人，統統都可以從飲食中獲得你需要的鈉和鉀。生理功能異常、節

食、過度脫水、和一些短期的人體傷害，常導致鈉和鉀的急性缺乏症，造成人體的緊急狀況。

至於其他人體必需的金屬離子，又是另一回事。飲食中缺乏這些離子，或者攝取量不足，都會導致慢性疾病發生。好比鈣離子攝取不足，這是個世界各地普遍存在的問題，窮人富人都一樣。

從人體設計的層面來看，鈣離子缺乏症實在是個令人氣餒的飲食問題，根源在於人體對鈣的吸收能力很差，而不是因為攝取不足的關係。我們每天都吃進很多鈣，但我們從食物中吸收鈣的能力差強人意。之前我曾經提到，維生素D是人體吸收鈣不可或缺的幫手，如果體內缺乏維生素D，就算你把全世界的鈣離子都吃進肚子了也沒用，這些鈣全部會被排出體外。

就算我們體內有大量的維生素D，想要吸收鈣也不是那麼容易，而且人體吸收鈣的能力會隨著年紀愈來愈差。嬰兒可以吸收飲食中六成的鈣，成人大概只能吸收二成；到了花甲之年，吸收率只剩下一成，甚至更低。

由於人體腸道實在不善於吸收鈣，因此我們不得不從骨骼中吸收鈣離子。然而這麼做會招來嚴重後果。一旦不能穩定補充鈣和維生素D，多數人到了退休之齡，就開始產生骨骼疏鬆的問題。

在史前時代，很少有人能活過三、四十歲。你可能會替我們的祖先慶幸，起碼他們不會受到骨質疏鬆症折磨。然而，經過研究，考古學家挖掘到的人類遺骸，多數仍有缺乏鈣和維生素D的現象，狀況比現代人更嚴重，而且連年輕人也不能倖免。

所以，鈣離子不足所引起的骨質疏鬆症，絕不是近代才有的問題。鐵也是人體不可或缺的重要礦物質，想要獲得足夠的鐵，對人體來說又是另一件難事。

地球富含鐵，人體卻缺鐵

位於元素週期表中央，有一系列所謂的過渡金屬，這些金屬有優異的導電能力，而且無論在世界上或人體內，鐵都是含量最豐富的過渡金屬。

和其他金屬一樣，鐵必須是離子態才能被人體利用。在地球上，鐵一旦形成元素態，不久後便會沉入地核，地表存在的鐵主要是少了一至三個電子的鐵離子。鐵對人體細胞而言有特殊用途，背後的關鍵在於鐵能夠在三種離子態之間輕易轉換。

鐵離子最為人熟知的角色和血紅素的功能有關。血紅素是一種蛋白質，負責把氧氣運送到身體各處。紅血球所含的血紅素特別多，每一個血紅素分子攜帶四個鐵原子。血紅素之所以有這樣的性質和顏色，全都拜鐵原子所賜，你一定想像不到，人類的血液和火星表面有著出乎意料的共同性。至於在其他人體的重要功能上，鐵一樣扮演關鍵角色，好比幫助我們從食物中獲取能量。

儘管人體內、環境裡、地球上和太陽系中都有大量的鐵，和人類飲食有關的缺乏症當中，缺鐵的問題依然普遍。美國疾病控制及預防中心（CDC）及世界衛生組織（WHO）都指出，在美國及世界各地，缺鐵是最常見的營養缺乏症。說來諷刺，一個充滿鐵的世界，竟然流行著缺鐵症。

貧血有著「血不足」的意思，是缺鐵引起的嚴重問題。鐵是血紅素的重要組成，而血紅素又是紅血球結構和功能的重心，因此缺鐵會導致人體無法製造紅血球。

據世界衛生組織估計，有五成的孕婦和四成的學齡前兒童因為缺鐵而導致貧血。就現況而言，全世界七十億人口中，起碼二十億

人有輕微貧血的問題，每一年有數百萬人因為缺鐵而喪命。

這個問題，又要再度歸罪於拙劣的人體設計。先從人類的腸胃道說起吧，我們的腸胃從植物中吸收鐵的能力差到不行。

植物源和動物源食物中的鐵，結構不太一樣。在動物源食物中，鐵通常存在於血液和肌肉組織裡，比較容易吸收，好比人體可以輕易從一大塊牛排中吸收鐵。但是，在植物體內，鐵鑲嵌在結構複雜的蛋白質複合體中，難以被人體腸道吸收，最後會隨著糞便排出。因此，對素食者而言，攝取鐵又是另一個惱人的問題。再者，人類吸收鐵的能力比多數動物都差，地球上的動物大多數是草食動物，然而牠們的腸道沒有這種問題。

吸收鐵的過程很曲折

就鐵的吸收而言，人體還有許多怪癖，這些都會進一步減少鐵的吸收。如果鐵伴隨著其他我們可以立即吸收的東西一起出現，好比維生素C，人體就能順利吸收鐵。素食者就是利用這招提升身體對鐵的吸收量，結合鐵跟維生素C，確保兩者都能有更好的吸收。攝取大量的維生素C可使鐵的吸收量提升六倍。

只可惜，反之亦然。缺乏維生素C的飲食，會使人體更難吸收鐵，導致要面對壞血病和貧血的雙重打擊。各位想想，臉色蒼白、昏昏欲睡已經夠慘了，這下子連肌肉都有可能失去張力，而且體內還會開始出血。

已開發國家的素食者，有許多富含鐵和維生素C的食物可以選擇，如青花菜、菠菜、青江菜，因此能避開這個死亡陷阱。開發中國家的貧困人民就沒有這麼幸運，畢竟這些關鍵的重要食物對他們

來說非常珍貴，而且通常是季節性蔬菜。

　　事實上，還有幾種食物分子會干擾鐵的吸收，尤其是植物中的鐵，這彷彿是嫌人體要吸收足量的鐵還不夠困難似的。大家總說要多吃豆類、堅果、莓果，而這些食物裡含有多酚（polyphenol），多酚會減低人體吸收鐵的能力。同樣的，全穀類、堅果和種子所含的植物酸（phytic acid），也會阻礙小腸吸收鐵。

　　人體吸收鐵的過程如此曲折，導致地球上二十億的貧窮人口面臨貧血危機。肉類雖含有鐵，但窮人家並沒有機會經常吃肉，再加上他們經常攝取的食物，讓他們的身體更難從植物組織中吸收鐵。

　　多元化的飲食的確可以讓我們獲取各種人體所需的營養素，包括鐵在內，然而這樣的多元化必須透過精心安排，富含鐵的食物不要跟會阻礙鐵吸收的食物一起吃。

　　飲食中的鈣也會干擾人體吸收鐵，導致鐵的吸收率減少六成。因此，富含鈣的食物，像是乳製品、葉菜類和豆子，要避免和富含鐵的食物（尤其是植物）一起吃，這樣才能把鐵的吸收率提升至最高。如果同時攝取富含鈣和富含鐵的食物，結果只是徒勞無功。吃對食物很重要，才能獲取人體所需的營養素，然而食物的正確組合也很重要，這也難怪許多人選擇吃綜合維生素來解決問題。

　　相較於現代人的飲食，史前人類的飲食更加困乏，缺鐵就是個例子。雖然史前人類的主食是魚和肉，然而不是大吃就是挨餓的飲食型態，以及食物的季節性變化，導致史前人類難以穩定獲得身體所需的微量營養素。尤其對於生活在內陸地區、僅以肉類為食的史前人類而言，想獲得充足的蛋白質更是難上加難。

　　農業出現之前，古代人所吃的植物跟現代人所吃的食物截然不同。他們吃的水果小而無味，蔬菜又苦又乾，堅果硬而無味，穀類

既粗糙又都是纖維。更慘的是,那時候會阻礙人體吸收鐵的蔬菜,又比含鐵的蔬菜更常見。

如今,素食者想要獲取足量的鐵並不是太困難,然而對於生活在石器時代的人類來說,這幾乎是件不可能的事。沒有肉可以吃的時候,許多史前人類都有嚴重的貧血問題。農業出現之前,人類遷徙主要沿著海岸或其他水體而移動,多少也跟鐵有關係:因為比起肉,魚是更可靠的鐵質來源。

僥倖存活的人類

各位可能會覺得,貧血這種致死危機雖然經常出現,人類不是依舊活了下來嗎?說起來這還真是僥倖,史前時代的人類幾乎總在滅絕邊緣徘徊,過去兩百萬年來,許多原始人類(hominid)出現又消失,最後只剩下我們。人類演化的漫長過程中,在某個時間點,我們的祖先數量已經少到可以符合今日物種瀕臨滅絕的判定標準。

此外,人類發展出優異的認知能力是很近代的事,所有原始人類的認知能力其實都差不多。因此現代人能存活至今,其實跟腦子比較大沒有關係。我們的祖先之所以可以活下來,很可能只是因為運氣不錯。

造成人類瀕臨絕種的原因很多,缺鐵性貧血很可能就是其一。更慘的是,地球上的物種,似乎只有人類要費這麼大的功夫才能維持身體健康所需的鐵含量。地球上所有成功物種,只有人類要面對貧血和缺鐵的危機。鐵對於其他動物而言,也是維生必不可少的必需礦物質,而且沒有任何一種動物能夠自行合成鐵,那麼,牠們究竟如何面對這項挑戰?演化作用替牠們找到解決方式了嗎?

這個問題的答案有點複雜。先講水生動物吧，不管是魚、兩棲類、鳥類、哺乳類，或無脊椎動物，都不用面對缺鐵的問題，因為海水和淡水中都有大量的鐵。當然，這些動物還是要想辦法從水中吸收鐵，但起碼鐵的來源不是個問題。同樣的，岩石和土壤中也有大量的鐵，所以植物也能輕鬆獲取鐵。

多數草食或以草食為主的動物，從飲食中能獲得的鐵本來就比人類多，而且牠們從食物中吸收鐵的能力也比人類好。這些動物經歷饑荒、移動、或其他壓力源的時候，缺鐵的問題一樣很常見，但這樣的缺鐵是事件的果，而非肇因。人類似乎是唯一一種，即便攝取了鐵，卻依然有缺鐵問題的動物。

讓人氣餒的是，我們至今未能完全瞭解人體為什麼這麼難獲得足量的鐵。為什麼人類難以吸收植物中的鐵？為什麼人類對食物組合這麼敏感，富含鐵的食物不能和阻礙人體吸收鐵的食物一起吃？

放眼地球，獨獨人類有這種問題。可能人體和鐵吸收有關的基因發生了一次或多次突變，而當時我們的祖先正好有豐富的大魚大肉可吃，抵消了突變帶來的影響。這麼說似乎有道理，但這假說尚未證實。

人體缺乏其他重金屬離子的情形相對罕見得多，主要是因為跟鐵比較起來，其他礦物質只需要很少的量就能滿足人體需求。人體只需要微量的銅、鋅、鈷、鎳、鎂、鉬……就可以正常運作。有時候，我們可以幾個月，甚至幾年的時間不需要攝取這些金屬離子，完全依靠體內的儲量。

儘管如此，這些微量金屬對人體健康仍有關鍵影響，完全缺乏這些礦物質的飲食，最終仍會導向死亡。是因為演化出了差錯，導致人體很難吸收它們？或者只是因為人體無法適應這項挑戰？不

過，這兩者有差別嗎？許多微生物不需要這些微量金屬也能生存。事實上，沒有哪一種重金屬是任何生物都需要的。換句話說，其他生物體內都有自己的生物分子，可以取代這些礦物質的角色，而人類沒有，因此我們必須廣泛攝取這些微量金屬。

本章結語：吃到肥死

幾十年來，美國和其他已開發國家四處可見和飲食有關的書籍，我覺得是不祥之兆。過去，挨餓對全人類而言是個嚴重問題；如今，在世界上許多地方，肥胖已經取代挨餓，成為新的危機。

這和人體短視近利的演化方式有關。許多書中提到，肥胖本來就是人體要面對的問題，然而有關這個現象的各種熱門解釋，都沒有提到問題的核心：演化。

這世上應該沒有人不愛吃吧？很多人時時刻刻都想吃，不管餓與不餓，而且吃的常是高脂高糖的食物。然而，最能夠提供必需維生素和礦物質的食物，如水果、魚、葉菜類，都不是高脂高糖的食物。想想你上次極度渴望想吃青花菜是什麼時候？問題來了，不管我們吃得多飽，為什麼本能總是驅使我們攝取高熱量的食物？

肥胖雖然是個穩定攀升的問題，但直到過去這一兩百年來，才成為重要的健康疑慮，因此許多現代化產生的問題，跟人類的生物學沒有關係。的確，現代人的生活型態和飲食習慣導致已開發國家肥胖人口比率增加，不過這種說法有點本末倒置。過度進食不只是因為你「想吃」，還牽涉到人體本來就如此設計。問題在於，為什麼會有這種人體設計？

　　貪吃不是人類才有的現象。如果各位家裡有養貓或養狗，你肯定發現牠們似乎有著永無止境的食慾，總是想要吃更多點心、零食和食物，而且比起沙拉，牠們對於富含油脂的鹹味食物特別愛好。事實上，人類的寵物跟人類一樣容易肥胖。如果沒有好好控制牠們的進食量，寵物體重很快就會超標。

　　科學家還知道，就算實驗室裡的動物也是如此。魚、蛙、鼠、猴子、或兔子都一樣，必須限制牠們的進食量，否則體重很快就會過重。動物園裡的動物也是如此，照顧人員和獸醫得持續監控圈養動物的體重和進食量，才不會因為過度進食而傷害健康。

　　我要說的重點在於：任何動物，尤其是人類，在進食這件事上如果任憑本能而不加以節制，最後都會產生病態性肥胖的問題。而在野外，動物肥胖的情形則相當罕見，生活在自然棲地的動物體態幾乎總是穠纖合度，有時甚至可稱骨感。

　　曾經有人認為，動物園、實驗室和人類的住家才是問題根源。畢竟動物花了幾百萬年的時間適應野外的自然棲地，但從沒遇過包吃包喝的人工環境。或許，圈養的壓力造成動物過度緊張，因而暴食；或許，活動量相對減少的生活型態，導致體內代謝平衡失調。

　　上述這些都是合理的假設，然而經過多年試驗，這些原因似乎都不是圈養動物變得肥胖的原因。圈養動物就算有運動，仍需要接受飲食控制，否則吃得太多一樣會變胖。

　　為什麼在野外找不到肥胖的動物？答案可能會令人有點不捨：牠們總是處於飢餓邊緣。野生動物的生活型態就是不斷忍受飢餓，即便那些半年大吃、半年冬眠的動物也一樣。野外生活非常殘酷，必須持續和環境抗爭。為了數量稀少的食物，物種之間得要不斷競爭，牠們的世界裡從來沒有食物充足這件事。缺乏食物是所有動物

要面對的常態，只有現代人除外。

　　進入二十世紀以來，我們總以為現代化生活所帶來的便利，就是造成現代人肥胖的兇手。久坐辦公桌的工作型態取代了勞力工作，收音機和電視取代了運動。相比之下，前幾代的人們，無論是工作或消遣娛樂，都比我們付出更多體力。逐漸轉變為靜態的生活方式，造成我們的腰圍愈來愈寬廣。這樣推論的話，肥胖背後的原因不是人體設計有問題，而是因為我們的生活型態太糟糕。

躲不掉的肥胖

　　這麼說似乎合理，但並非事情的全貌。首先，對於肥胖，勞力工作者也沒有豁免權；相反的，肥胖和勞力工作兩者都和低收入有關。其次，總是在外頭跑來跑去、追逐嬉戲的孩子，也沒有因此逃開肥胖的糾纏。事實上，許多人在孩童、青少年時期是活躍的運動員，過了中年以後反而容易發福，尤其當他們的活動量下降的時候。如此看來，造成肥胖的原因並不是現代化的生活型態，而是因為我們過度攝取富含熱量的食物。

　　因此，非常遺憾要告訴各位，持續運動並不會帶來長期性的體重減輕，而且可能為身體帶來更多傷害。劇烈運動會引發強烈的飢餓感，導致不良的飲食選擇，並且削弱你想要減重的決心。透過節食控制體重的人，一旦失利，很有可能全盤放棄。

　　事實是這樣，已開發國家的人民周遭充滿各種叫人無法抵抗的高熱量食物。人類演化過程中，多數時候不用擔心這種問題，大部分人沒有機會接觸到大魚大肉搭配各種甜點的飲食型態，這是最近兩百年才出現的事情。工業革命之後，豐富的飲食才成為普遍的飲

食型態。在此之前，無論男人或女人，豐腴的體態是財富、勢力和特權的象徵；至於常民，就跟野生動物一樣，總是處於飢餓邊緣。

在過去，過度進食是適當的求生策略，畢竟你不可能經常暴飲暴食。然而，當人類開始日復一日，每天都吃個三、四餐，薄弱的意志力無法抵擋食物的誘惑，因此逐漸發展出病態性的肥胖。

人類的心理和生理總是相悖。人類常把每一餐當成入冬前的最後一餐，以為吃完這餐就要進入食物稀少的冬季。不只如此，近來研究顯示，人體會自行調整新陳代謝率，導致增重容易減重難。

那些總是和體重拉扯的人會告訴你，只要節食幾個禮拜，同時搭配運動，就可以輕易瘦下來。然而，只要你放縱一個週末，大啖高熱量的食物，體重幾乎立刻增加。肥胖和第二型糖尿病是典型的演化錯配疾病（evolutionary mismatch disease），原因是人類現今生活的環境和人類演化時遭遇的環境差異太大*。

如今，食物供給也步入現代化，已開發國家的人民幾乎再也不用擔心壞血病、腳氣病、佝僂病、或糙皮病。但肥胖不斷挑戰著人類的意志力和飲食習慣，想要改變絕不是一時半刻的事。這個嵌藏在體內，有如宿命般的事實，不由得讓人聯想到下一個階段的主題——人體基因組中的缺點。

---

* 非常推薦各位閱讀李伯曼（Daniel Lieberman）的《從叢林到文明，人類身體的演化和疾病的產生》（*The Story of the Human Body*）。書中從各個面向剖析現代環境與古代環境不符所導致的人體疾病。

第三章

基因組裡的垃圾

為什麼人體內壞掉、沒有功能的基因

幾乎跟有功能的基因一樣多？

為什麼過去感染病毒的經驗，

會在我們的 DNA 裡留下無數的病毒殘骸？

人體內有一段自行複製的奇怪 DNA，

它的複本加總起來竟然占了基因組一成的比例，為什麼？

你或許聽過：人腦的使用率只有一成。然而，這完全是子虛烏有的說法！

人腦的每一葉、每一個皺褶、每一個深溝，都被我們利用得淋漓盡致。人腦分為許多特化功能區，好比主掌語言或運動的區塊。在進行相關活動時，負責的腦區就會快速活躍起來。不過，人腦幾乎時時刻刻都處於活躍狀態，人腦的各個區塊，無論體積多小，只要停止運作或遭到移除，都會帶來嚴重的後果。

至於人類的DNA，那又是另一回事。人體細胞裡的DNA統合起來稱為基因組，我們的基因組裡有大量的DNA完全沒有任何明顯的功能。這些幾乎沒有用處的遺傳物質曾被稱為「垃圾DNA」，藉以嘲諷它的無能。不過，有些科學家已經不再使用垃圾DNA這個名詞，因為他們發現這些垃圾的某些部分其實具有功能。事實上，所謂的垃圾DNA，多數有其存在的目的。

先不管我們的基因組裡有多少垃圾，人體內確實有許多沒有功用的DNA，這一點無可否認。這一章我們要來聊聊基因組中真正的「垃圾」：壞掉的基因、病毒的副產品、無意義的DNA複本，還有細胞內那些毫無價值可言的雜亂基因密碼。

遺傳學入門

開始之前，我想有必要先快速回顧一下人類遺傳學的基礎知識。人體內幾乎每一個細胞，管它是皮膚細胞、肌肉細胞、神經細胞，或者其他類型的細胞，都具備細胞核這個核心結構。細胞核裡面有一份你的遺傳藍圖（這份藍圖有很多模糊不清的地方，各位看到後面就知道了），也就是你的基因組。而基因組的構成分子稱為

去氧核糖核酸（deoxyribonucleic acid），也就是我們熟知的DNA。

　　DNA是線性的雙股分子，看起來就像一道很長的旋轉樓梯，其中蘊含的遺傳訊息則以兩兩成對的核苷酸（nucleotide）來呈現。各位可以把這一對一對的核苷酸，想像成旋轉樓梯的踏階，每一個踏階可以分成兩半，每一半都是一個核苷酸分子，各自與相鄰的樓梯骨架接合。核苷酸一共有四種，縮寫分別是A、C、T、G。A只能和T配對，C只能和G配對，這就是所謂的鹼基對。透過這樣的方式，DNA可以有效率地攜帶大量遺傳訊息。

　　沿著DNA的某一股看過來，想像你正由上往下看著這道樓梯的某一側，你會看見許多核苷酸的縮寫字母。假設你一次看見五個踏階，在樓梯的某一側你看見了ACGAT；又由於核苷酸的配對法則，讓你可以確定在樓梯的另一側會出現TGCTA。不過，因為DNA兩股的讀序有方向性，就像是由下往上看著樓梯另一側，所以要讀做ATCGT。

　　就遺傳訊息而言，這是一種很簡單卻又聰明的排列方式，讓遺傳物質很容易不斷複製。想像你把這道長長旋轉樓梯縱剖一半，每一個踏階都斷成左右兩截，但兩半樓梯仍然蘊含相同的遺傳訊息。

　　當人體要以新細胞取代舊細胞時，必須進行細胞分裂，而細胞進行分裂之前要先複製DNA。DNA自我複製的能力不只是演化作用的工程奇蹟，更是我們之所以存在的根本。

　　到目前為止，DNA看來是個自然界的奇蹟。不過，現在我要來說說它不那麼神奇的地方。構成人體基因組的這道DNA旋轉樓梯一共有二十三億個踏階，共含四十六億個鹼基，然而許多踏階不能被人體使用。它們有的純粹就是無意義的重複序列，就像你連續敲擊電腦鍵盤好幾個小時所產生的結果；有些是原本有用，但受過傷害

之後再也沒有重新修復的DNA。

　　倘若你分別沿著這道DNA旋轉樓梯的兩側，徹底讀完所有鹼基字母，就會發現奇怪之處。

　　你的基因，也就是真正能發揮作用的DNA序列（譬如，讓你的虹膜呈現某種顏色的基因，或指揮人體發展神經系統的基因），平均起來大約只有九千個鹼基，而你的體內也只有兩萬三千個左右的基因。聽起來不少是嗎？這兩萬三千個基因總共只有幾億個鹼基字母，但是基因組總共有二十三億個鹼基對。

為何要複製「垃圾」？

　　這些鹼基對如果不是基因，它們有什麼作用？答案是：什麼作用也沒有。

　　為了讓讀者瞭解這是怎麼回事，我得用另一種比喻方法。我們就把基因當成「單字」，是DNA字母所組成的線性結構，這些字母合起來成就一個有意義的單字。接著，把基因組想像成一本書，在這本書裡，單字與單字的間隔充滿了長串莫名其妙的文字。這樣說吧，你的基因組裡，有意義的單字只占了3％，其他97％都是冗字。

　　再者，人體裡不只一道DNA樓梯。每個細胞都有四十六道DNA樓梯，也就是四十六個染色體，而精細胞和卵細胞只有二十三個染色體。細胞進行分裂時，在顯微鏡下可以看見染色體的模樣。然而，細胞沒有進行分裂時，所有染色體則是彼此鬆散交纏，就像把四十六坨義大利麵放在同一個碗裡。染色體的長度不一，好比人體的一號染色體共有兩億五千萬個鹼基對，但二十一號染色體只有

四千八百萬個鹼基對。

　　就有用途的DNA和垃圾DNA的比值來看，有些染色體中有用的DNA比例極高，有些染色體則充滿重複且無用的DNA序列。

　　人類的十九號染色體排列相當緊湊，五千九百萬個鹼基對裡有超過一千四百個基因；而人類的四號染色體長度超過十九號染色體的三倍，但所含的基因數卻不到十九號染色體的一半，這就代表四號染色體上的功能基因彼此相距很遠，就像散落在無垠大海裡的幾座小島。

　　在其他哺乳類動物身上，基因組的狀況跟人類差不多。所有哺乳類動物體內的基因數量相去不遠，大約就是兩萬三千個。雖然有些哺乳類動物只有兩萬個基因，有些動物有兩萬五千個基因，但整體而言這還是相當接近的數量。這一點其實挺令人驚訝的，畢竟哺乳類動物出現在地球上已經超過兩億五千萬年。

　　更驚人的是，即便人類自哺乳類動物中分支出來獨自演化，已超過兩億五千萬年，我們體內具有功能的基因數量也沒什麼改變。事實上，小到只有在顯微鏡之下才能現形的蛔蟲，基因數量跟人類差不多。附帶一提，蛔蟲身上沒有真正的組織或器官。

　　雖然，有功能的基因比較稀少，但它們非常能幹。它們可以將DNA樓梯縱剖一半，露出兩側的鹼基，藉此製造蛋白質。組成基因的鹼基字母序列經過轉錄（transcription），形成所謂的mRNA。m（messenger）是傳訊的意思，RNA是核糖核酸（ribonucleic acid）。mRNA再經過轉譯（translation），形成細胞內的蛋白質，幫助人體正常運作。這是人類生長、生存不可或缺的機制。

　　人體的兩萬三千個基因，雖然只占了基因組的3％，卻是自然界的奇蹟。其餘97％的DNA多數都是個錯誤，沒有太大功能，有些

甚至對人體有害。

細胞分裂時，DNA無論具備功能與否，都會被複製。這個過程既費時又相當消耗細胞能量，而且還需要額外補充能量和所需的化學物質。

根據最精準的估計，人體每天至少進行10^{11}次的細胞分裂，也就是每秒有超過一百萬個細胞正在分裂。每次細胞分裂，整個基因組都要進行複製，有用、無用的DNA序列都一樣。你每天透過進食而獲得的能量，有部分就是得花費在複製大量無用的DNA上。

說來奇怪，這些垃圾DNA複製時，細胞仍會一絲不苟地檢查是否有錯誤發生，同樣會啟動校對和修復機制，就像看待重要的基因一樣，對所有DNA序列一視同仁。

這實在讓人摸不著頭緒，畢竟無用的DNA序列就算在複製時發生錯誤，也不會造成什麼後果。同樣的突變如果發生在功能基因上可能帶來致命傷害，這部分我們稍後會談到。就算是隻黑猩猩，也能區分學齡前兒童的詩作和大詩人馬雅・安傑洛（Maya Angelou）的作品；但我們DNA複製和編輯的機制，似乎無法區辨DNA究竟有無功能。

如今，生物醫學的研究領域進入令人興奮的新時代，科學家已經能夠完全解讀某人的基因組。只需要兩週時間和一千美元左右的花費，你身上四十六個染色體所含的四十六億個鹼基，就能攤在陽光下；遙想史上第一個完全解碼的人類基因組，解讀時間超過十年，花費將近三億美元。

雖然，我們從一些過去被認為是垃圾DNA的序列中，找到許多驚人的新功能，然而垃圾DNA所占的比例依然很高。此外，這些擁有功能的垃圾序列，很可能一開始真的沒有任何功能*。當你知道

人體基因組中有這麼多無意義的DNA序列之後，實在很難想像我們還能直挺挺的站在這裡。

DNA天天都在突變

　　充斥大量無用的DNA序列，可能是人體基因組最大的缺陷。然而，有功能的DNA序列，也就是基因，其實也蘊含許多錯誤。

　　一般而言，這些錯誤源自於突變，導致DNA序列發生改變。有三種方式會造成基因組發生突然的改變，像是稍後我們會談到的感染「反轉錄病毒」（retrovirus）對DNA序列造成的影響。

　　除此之外，還有DNA分子本身遭到破壞，好比接觸到輻射、紫外光，或者是突變原（mutagen）這種有傷害性的化學物質，如香菸中就有許多突變原。突變原又常被稱為致癌物，因為突變很有可能引發癌症。

　　另一種方式則是基因組在複製DNA、準備進行細胞分裂時發生錯誤。每個細胞都有四十六億個鹼基，而且每個人一天平均要經歷10^{11}次細胞分裂。因此每一天，人體細胞有10^{20}次的機會在複製DNA時發生錯誤。細胞針對DNA進行複製編輯的功夫很了不得，犯錯的

---

*　2012年，一項名為ENCODE的大型基因組探索計畫，宣稱人體基因組中具有功能的DNA序列高達八成，此話一出掀起軒然大波。這個說法已經遭到徹底駁斥，一部分是因為方法學上的考量，但主要是因為這群研究學者對序列功能性的判定並不符合科學標準。此一事件也導致許多科學家重新思考並捍衛用「垃圾」一詞來指稱無用DNA序列的可能性。2013年，格爾（Dan Graur）等人發表於《基因體生物學及演化》（*Genome Biology and Evolution*）期刊的文章〈關於那不朽的電視機〉（On the Immortality of Television Sets），詳細指出了ENCODE這項聲明的缺失所在。

機率小於百萬分之一，而且，這些罕見的錯誤一旦出現，細胞幾乎立刻就會發現並加以改正。

然而，即便細胞犯錯的機率微乎其微，但是複製次數實在太多了，有時候的確會出現疏漏，這就是我們所謂的突變。事實上，一整天下來，人體DNA發生的突變多達數百萬個。

幸好，多數突變發生在DNA上不重要的區域，因此沒有大礙。此外，只要突變不是發生在精子或卵子細胞內，就不會傳給下一代，所以對物種演化沒有實質影響。只有生殖細胞所含的DNA會對下一代產生影響。

然而，複製錯誤和受到傷害這兩件事，確實有可能發生在精子或卵子的基因組重要區域。一旦如此，這些突變不只影響個體，還會影響個體的後代，因此稱為遺傳性突變；這同時也是物種發生演化和適應的基礎。

不過，遺傳性突變未必都是好事。雖然基因組中無用的DNA序列太多，導致多數突變不太重要，然而仍有許多突變發生後，干擾了基因的功能，因此帶來傷害。

從父母身上承襲遺傳性突變的後代，下場通常更慘。這就是天擇的工作——清理基因庫。不過有時候，突變造成的傷害不會立即顯現。如果這個突變不會在短期內對生物的健康或繁殖能力造成傷害，那就未必會消失在族群中，甚至有可能在族群中傳布開來。倘若這個突變的傷害性質只有在長遠的未來才會顯現，想要讓它立刻消失，天擇也無能為力。

這就是演化作用的盲點，在人類身上處處可見這種盲點，深深植入每個人體內。人類基因組有數千個有害突變留下的傷疤，這些都是天擇作用無法及時介入的證據。

沒用的基因永流傳

　　人類基因組中無用的 DNA 序列，有一類特別突出：假基因。假基因的序列看起來就像正常的基因，但卻完全無法發揮任何功能。在很久很久以前，人類祖先身上的功能基因發生了突變；這些未經修復的突變造就了假基因，它們是功能基因的演化遺跡。比方說，之前我曾經提過 *GULO* 假基因。

　　正常的 *GULO* 基因，得以讓所有非靈長類動物都能自行合成維生素C。現存所有靈長類動物的共祖身上，都曾經因為隨機發生的突變而破壞了 *GULO* 的功能，但恰巧這位共祖的日常飲食富含維生素C，因此突變沒有對個體造成任何傷害。然而，失去功能的 *GULO* 基因仍在靈長類動物間世代傳遞，導致我們人類也籠罩在壞血病的陰影之下。

　　你可能會覺得奇怪，大自然有辦法透過突變製造問題，為什麼無法透過突變來解決問題？

　　要是真能這樣就好了，偏偏這幾乎是不可能的任務。突變就像一道閃電，是四十六億個鹼基複製過程中偶發的錯誤。要閃電擊中相同的地方幾乎是不可能的事情。

　　此外，突變根本不可能「修復」壞掉的基因，最初的突變一旦發生，後續的突變很快就會接踵而來。倘若最初的突變沒有奪走個體的性命或造成傷害，那麼未來的突變也不會，於是這些突變不會成為天擇作用汰除的對象。

　　在漫長的演化道路上，假基因的突變率之所以遠高於功能基因，原因就在這裡。發生在功能基因上的突變，通常不會傳給後代。一般而言，功能基因的突變會對細胞或生物體造成傷害，導致

個體可能無法成功繁衍後代，等同限制了這種有缺陷的遺傳物質在族群中蔓延的機會。

然而，假基因就算累積再多突變，也不會對個體造成傷害，事實就是如此。假基因會繼續在世代間傳遞，累積愈來愈多突變，用不了多久，就來到神仙也難救的境界。

以上就是發生在 GULO 基因的情形。相較於其他動物正常版本的 GULO 基因，人類的 GULO 基因中散落著幾百個突變，即便如此，我們仍能輕而易舉地認出它來：人類的 GULO 基因和狗、貓等肉食動物的 GULO 基因，有 85％的 DNA 序列一模一樣。它就在那兒，什麼也不做，就像廢車場裡已經鏽蝕的車輛。雖然人類的 GULO 基因早在幾千萬年前就已經失去功能，但人體仍持續複製這個無用的老基因，每天複製幾十億次。

拜壞血病之賜，GULO 基因恐怕是人體內最有名的假基因，但它絕對不是唯一。人類基因組中還有不少壞掉的基因，數量破百，甚至上千。科學家估計，人類基因組中將近有兩萬個序列完整的假基因，這數量已經和功能基因相去不遠。

沒遠見的演化

認真說起來，這些假基因多數是基因複製的附帶結果，所以這些基因發生突變，甚至失去功能，對個體也不會產生致死的結果，反正它們是多出來的基因複本。它們的功能和其他基因重複，因此失去它們也不會造成個體的劣勢。保留這些假基因，甚至持續複製，雖然不會造成傷害，卻仍然是沒有意義的事情，而且還很浪費能量。

　　然而，當唯一的基因複本或是功能基因發生突變，變成假基因的時候，事情就不好玩了。*GULO* 變成假基因之後，為人類送來了壞血病。除此之外，人體還有另一個假基因會對人類造成有害的衝擊，在它壞掉之前，曾經幫助人類祖先對抗感染。

　　θ 防禦素（theta defensin）是這個基因的產物，多數舊大陸猴、新大陸猴、甚至和我們同屬人科的紅毛猩猩體內，仍然有這種蛋白質。然而，人類、大猩猩和黑猩猩的共同祖先身上，這個基因先是失去活性，接著突變至無法復原的地步。因此，相較於靈長類遠親動物，人類特別易受感染。

　　沒錯，人類或許演化出其他防禦機制來取代 θ 防禦素的功能，但似乎不太夠用。

　　舉個例子，缺乏 θ 防禦素的細胞更容易遭受HIV病毒感染。1970末至1980年代，全球人類族群飽受HIV病毒蹂躪之際，我們其實真的可以祭出 θ 防禦素來對抗，要不是這個基因壞了，愛滋病危機恐怕根本沒有發生的餘地，或者至少蔓延範圍不會像現在如此廣闊，致死威力也沒有這麼強大。

　　假基因的存在說明了大自然的殘酷習性：大自然不會為明天做打算。突變是隨機的，天擇作用的時間也只有一代；然而演化作用的時間尺度非常漫長。我們是許多短期作用長期累積而成的產物。演化作用並沒有目標導向，也不可能存在著目標導向。天擇作用只會受到立即性或者是短期性的事件影響，長期性的事件並不會影響天擇。

　　GULO 或製造 θ 防禦素的基因受到突變影響而失去功能時，除非出現立即性的致死影響，否則天擇作用無法藉此發揮保護人類物種延續的功能。

　　攜帶這種假基因的個體繼續在族群中存活，並繁殖下一代，演化作用也無力阻止這種事態發展。史上第一個失去 *GULO* 基因功能的靈長類個體，生活可能完全沒有受到影響，然而幾千萬年之後，牠的後代則為此所苦。

　　人體內遭受這種衰弱性突變的基因還不只 *GULO* 和製造 θ 防禦素的基因。人體兩萬三千個基因，不時會遭到突變這道閃電擊中、破壞。人類之所以沒有因此失去更多基因是因為：最先發生某種突變的不幸個體通常已經死亡、或無法生育，因此導致假基因無法在族群中繼續傳遞。對突變個體而言，這是不幸；對整體族群來說，卻是大幸。

　　有些科學家認為假基因是「死掉」的基因，但並不是「壞掉」的基因。因為大自然有能力讓某些假基因「復活」，並且發揮新的功能。

　　這倒讓我想起一位朋友如此處理壞掉的冰箱。由於把壞掉的冰箱拖去廢物場實在太麻煩，與其如此，倒不如來個廢物利用：他把冰箱拖進房間當衣櫥。他並沒有買個新的冰箱來當衣櫥，而是把壞掉的冰箱另作他用，因為這比丟了它來得簡單。他讓壞掉的冰箱起死回生，賦予它新的功能。這招的確不錯，不過就我們目前所知，起死回生的基因跟起死回生的冰箱一樣罕見。

基因庫中的殺手

　　我們已經知道，DNA 複製的過程並不完美，這項人體機制偶爾出錯，而這些錯誤可能引發問題。不過，這些偶發的突變，如靈長類動物基因組中 *GULO* 基因的驟死，卻恰好有機會擴散至整個族群

當中。

　　有些因人體機制出錯而導致的疾病，如壞血病，也和突變一樣，只是零星發生的事件。不過，人體還有一系列隱伏的遺傳疾病，造成這些疾病的突變並沒有因為遺傳漂變＊而固定下來。事實上，這些疾病反倒是天擇鍾情的對象。

　　有許多遺傳疾病已經和人類共存了幾代、幾千年，甚至幾百萬年之久。每一種遺傳疾病各有一則有趣的故事，這些故事提供了我們珍貴的一課，讓我們認識雖然作用緩慢懶散，但卻時而殘酷的演化作用。

　　長久以來，讓人類挫敗的遺傳疾病中，最著名也最普遍的例子莫過於鐮形血球貧血症。每一年，有三十萬名新生兒一出生就帶著這種遺傳疾病。光是2013年，至少有十七萬六千人因此喪命。血紅素是一種蛋白質，負責將血液中的氧氣運送給身體各個細胞，而鐮形血球貧血症患者體內製造血紅素的其中一個基因發生了突變。

　　一般而言，紅血球含有血紅素，而且紅血球的形狀既要能兼顧最大氧氣運輸量，同時又要呈現最佳摺疊狀態，以利擠入細小的微血管中。鐮形血球貧血症患者紅血球中的血紅素並沒有兼顧上述兩種功能，導致紅血球呈現功能效率極差的形狀。

　　這些畸形的紅血球無法有效率地輸送氧氣；更糟的是，它們也無法擠入細小的血管內，而是卡在有限的血管空間裡，造成血流堵塞，使身體組織無法獲得氧氣，引發劇烈疼痛，甚至導致攸關生死的危機。

＊　編注：遺傳漂變（genetic drift）指的是基因庫在代與代之間發生隨機改變的現象。

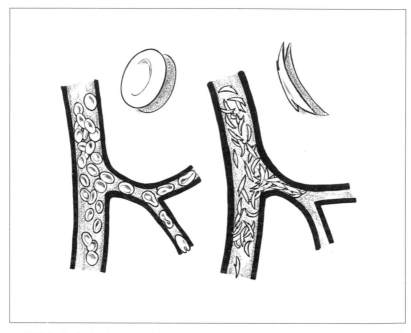

正常的紅血球（左）和鐮形血球貧血症患者的紅血球（右）。正常的紅血球可輕易對摺，以便通過細小的微血管；鐮形的紅血球柔軟度很差，常擠在血管空間狹小處。

　　在已開發國家，透過密切監控和現代醫學的幫助，鐮形血球帶來的危機通常已經受到控制。然而在非洲、拉丁美洲、印度、阿拉伯、東南亞，和大洋洲等發展中地區，鐮形血球貧血症常常帶來致命的後果。

　　鐮形血球貧血症最奇特的地方在於：這是「點突變」（point mutation）所引起的遺傳疾病，也就是DNA序列中只有一個鹼基發生變化。不過，能造成鐮形血球貧血症的點突變可能有許多不同版

本，通常和不同地理區的族群有關。

　　說來奇怪，對人類生存有如此致命影響的點突變，不是應該很快就會在族群裡消失嗎？事實上，族群遺傳學的研究已提出令人信服的結果，說明即便只是對人類生存帶來輕微負面影響的突變，幾個世代之內就會在族群中徹底消失，用不著幾千年。

　　的確，多基因交互影響造成的遺傳疾病，以及只有輕微罹病傾向的遺傳疾病，有時是天擇難以汰除的對象。然而，要汰除鐮形血球貧血症應該很容易才對，畢竟這是會帶來致命後果的點突變，它能在人類族群裡存在這麼久，實在一點道理都沒有。

　　偏偏，引發鐮形血球貧血症的突變已經存在幾十萬年之久，而且在許多不同人類族群中變得愈來愈普遍！一個帶來可怕後果，造成人類衰亡的突變；一種若沒有現代醫學幫助，會導致人類死亡的疾病，不只在人類演化史上多次出現在不同地理區，甚至似乎受到天擇的「青睞」？而且，它究竟如何在人類族群中傳布，達到相對廣泛的影響範圍？

致命又救命的病症

　　答案簡單得令人難以置信。和許多遺傳疾病一樣，鐮形血球貧血症是隱性的，也就是說，你必須從父母雙方身上各得到一個突變的基因複本，才會成為這種疾病的受害者。如果你身上只有一個突變的基因複本，則不會受到任何明顯的影響。不過，既然你是突變的帶因者（carrier），就有機會把突變傳遞給後代，倘若你的後代再拿到一個突變的基因複本，就會成為鐮形血球貧血症的患者。

　　帶因者的健康與正常人無異，然而兩位帶因者生下的孩子，約

有四分之一的機率會罹患鐮形血球貧血症。因此,隱性的遺傳特徵有時會出現隔代遺傳的現象。不過,鐮形血球貧血症如此致命,早期人類族群中的罹病者也應該都消失了。

然而,鐮形血球貧血症並未因此銷聲匿跡,關鍵就是帶因者。帶因者體內只有一個突變的基因複本,所以並不會發病。此外,鐮形血球貧血症的帶因者對瘧疾的抵抗能力,比非帶因者好。

瘧疾和鐮形血球貧血症一樣,是一種會影響紅血球的疾病,不過瘧疾並非遺傳疾病,人類遭體內有瘧原蟲的蚊子叮咬後,才會感染瘧疾。鐮形血球貧血症的帶因者,紅血球形狀確實和正常人稍微不一樣,這個差異不到滿足發病條件的程度,卻可以讓引發瘧疾的瘧原蟲無法寄生在帶因者的紅血球裡。

在生物學入門課中,舉凡要介紹「異型合子優勢」(heterozygote advantage),不免提到鐮形血球貧血症。所謂的異型合子,就是指從父母雙方身上獲得對偶基因不同複本的個體。鐮形血球貧血症的帶因者正是如此,他們的體內有一個突變的基因複本和一個正常的基因複本。

至於為什麼鐮形血球貧血症的帶因者會有生存優勢?首先,拿到兩個突變基因複本的個體確實麻煩就大了;但是,僅拿到一個突變基因複本的個體,既沒有受到鐮形血球貧血症折磨,感染瘧疾的機率又比體內完全沒有這種突變基因複本的個體來得低。

在世界上仍有瘧疾肆虐的地區,鐮形血球貧血症的基因突變受天擇影響,往兩個方向演進。鐮型血球貧血症確實會致命,但瘧疾奪走人命的能力也不容小覷。演化作用必須權衡兩種威脅孰輕孰重,最後妥協的結果就是非洲中部瘧疾最為猖狂的地區,有二成的人口體內保留了這種會造成鐮形血球貧血症、卻又能幫助個體抵抗

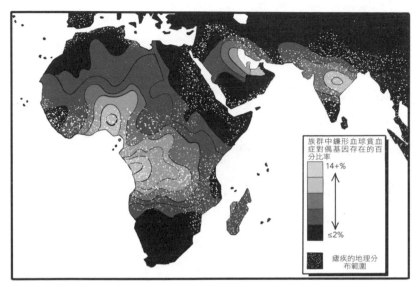

鐮形血球貧血症突變基因與瘧原蟲的全球分布圖。導致鐮形血球貧血症的突變基因可以幫助個體抵抗瘧疾，因此兩者的地理分布重疊性極高。

瘧疾的突變基因。

　　不難想見，鐮形血球貧血症在人類族群中的分布並不均勻。畢竟，在瘧疾幾乎不存在的地區，如歐洲北部，這種突變基因並沒有提供個體任何生存優勢，單純只是一個會帶來遺傳疾病的突變，因此不會在族群中久留。正因如此，鐮形血球貧血症在歐洲幾乎是聞所未聞的疾病。事實上，鐮形血球貧血症和瘧疾的地理分布範圍，重疊程度高得驚人。

　　有關鐮形血球貧血症的故事，最後還出現一個有趣的轉折。研究人員雖可以瞭解這個基因突變受到演化壓力的推推拉拉，但是一開始他們並不瞭解鐮形血球貧血症何以持續存在，畢竟這種疾病的

死亡率遠高於瘧疾。

根據研究人員建立的電腦模型，預測結果顯示鐮形血球貧血症終會消失在人類族群中。不過，他們忽略一項關鍵要素：農業出現之前，一夫多妻的現象在人類社會十分常見。

婚姻制度與遺傳疾病

在大部分一夫多妻的人類社會中，少數男性擁有多位妻子，這表示男性之間必須彼此競爭生殖權利。對他們來說，盡可能擁有愈多妻子愈好，也導致多數男性根本沒有後代。男性之間的競爭非常激烈，後代的數量和個體健康、活力、以及生殖能力之間，有直接且強烈的關聯。

再加上演化作用的推拉，擁有兩個或完全沒有鐮形血球突變基因複本的個體等於被判死刑，因為他們不是受到鐮形血球貧血症折磨，就是容易感染瘧疾。因此，鐮形血球貧血症的帶因者，成了族群中的重要人物，可以坐擁許多妻子，生下眾多孩子。

不過，這些後代除了面對原始時代的生活困境、各種感染，和營養缺乏之外，還必須面對鐮形血球貧血症或瘧疾的挑戰，因此能活到成年的人實在不多。但這也不是什麼大問題，畢竟鐮形血球貧血症的帶因者，和他的眾多妻子仍會不斷繁衍後代。

相較於一夫一妻制，一夫多妻制之下的男性競爭激烈，個體健康和生存能力的選汰壓力持續增強，更加凸顯了異型合子的優勢，處於最佳狀態的男性才能擊退其他對手，贏得眾多女性的芳心。

男性一旦出現鐮形血球貧血症的病徵，或者一副容易感染瘧疾的模樣，都是生命中不可承受的弱點。雖然人類社會中，一夫多妻

制並不普及，但在特定時空下，一夫多妻制足以讓造成鐮形血球貧血症的突變基因在人類族群中擴散。許多人至今仍受這種遺傳疾病所苦，只因為他們的祖先曾居住在瘧疾肆虐的熱帶地區。

顯性 vs. 隱性遺傳疾病

其他點突變造成的遺傳疾病，還包括：囊腫纖化症、各類型血友病（hemophilia）、戴薩克斯症（Tay-Sachs disease）、苯酮尿症（phenylketonuria）、裘馨氏肌肉萎縮症（Duchenne muscular dystrophy）等等數百種疾病。

這些都是隱性的遺傳疾病，和鐮形血球貧血症一樣，個體必須從雙親身上各遺傳到一個發生突變的對偶基因複本，才會發病，因此這些疾病非常罕見。然而整體而言，遺傳疾病算是很普遍，有數據指出人類族群中約有5%的人口受到遺傳疾病影響。

並非所有的遺傳疾病都會造成個體死亡或衰弱，此時現刻，地球上其實有數億人體內的遺傳密碼都出了差錯。這些錯誤發生的時間大部分都在好幾個世代之前，許多人因為是異型合子，所以甚至不知道自己身上有這種問題；而那些不幸承受苦果的人，則是兩個不知情的帶因者所生下的後代。

此外，有幾種遺傳疾病則是顯性的。顯性遺傳疾病指的是，患者只要從雙親任一方身上遺傳到一個帶有突變的基因複本，就會發病。顯性的遺傳疾病很罕見，因為根本沒有看起來正常的帶因者。對於顯性遺傳疾病，天擇帶來的選汰壓力又快又猛。

不過，仍有少數顯性突變，得以在人類族群中跨世代存在，例如馬凡氏症候群（Marfan syndrome）、家族性高膽固醇血症（familial hypercholesterolemia）、神經纖維瘤病（neurofibromatosis）第一型，以及軟骨發育不全症（achondroplasia）──這也是一種最常見的侏儒症形態。

患者通常是從雙親其中一方，遺傳到有突變的基因複本；不過這些突變也可能自發性出現在毫無家族病史的患者身上，而且這種情況還不少見，患者的後代有50％的機會罹病。說來難過，不管是偶見的自發性突變，或是自親代承襲而來的突變，這些疾病一樣會遺傳給下一代。

最有名的顯性遺傳疾病，莫過於杭丁頓舞蹈症（Huntington's disease）。這是一種異常殘酷的疾病，患者通常要到四、五十歲才會發病。發病後，病人的中樞神經系統會慢慢退化、肌肉無力、四肢協調性變差，慢慢喪失記憶，性情和行為發生改變、喪失高層認知功能、癱瘓、進入植物人狀態，最後昏迷、死亡。上述的退化過程極為緩慢，大約要五到十年，目前沒有任何藥物或任何療法可以減緩病程發展。病人和摯愛的家人完全無能為力，只能眼睜睜看著這一切發生。

杭丁頓舞蹈症和所有遺傳疾病一樣，是基因組發生突變所致。然而，一項遺傳疾病能夠持續存在，而不是立刻被天擇作用所消滅，其中必有原因，例如我們之前討論過的鐮形血球貧血症。在杭丁頓舞蹈症這類沒有帶因者、只有受害者的顯性遺傳疾病，情況尤其如此。

西方國家和北歐地區，大約每一萬人就會出現一名杭丁頓舞蹈症患者，特別是在斯堪地和不列顛群島。在全世界，這個基因發生突變的機率是十萬分之一。或許各位覺得十萬分之一的機率聽起來並不高，然而光是歐洲地區，就有數百萬名杭丁頓舞蹈症患者。雖

然杭丁頓舞蹈症在亞洲的發生率遠低於歐洲，但是亞洲人口稠密，因此罹病人數比歐洲更多。問題來了：既然杭丁頓舞蹈症是致命疾病，為何如此普遍？

答案就跟杭丁頓舞蹈症的症狀一樣殘酷：病人發病時，已經超過主要生育年齡，因此許多人早已把突變的基因傳給下一代。這種突變基因並不會隨著病人逝世而消失，反倒成了先人留給後代的可怕遺產。

為何天擇淘汰不了舞蹈症？

之前，沒有人知道它如何能夠這麼輕易就在世代間傳遞。現在看來當然一清二楚，但是還有另一個原因，造成杭丁頓舞蹈症如此神祕：過去兩百、三百年來，多數患者在四十歲之前就已經死亡。在當時，回溯病人家族譜系，並無法看出如今這樣清晰的脈絡，畢竟那時候四十多歲的人就已經飽受各種病痛和感染症所折磨，根本活不到七十、八十歲。

再者，早期社會無論男女，開始生育的年紀都比現今已開發國家的人來得早，四十多歲的人很可能已經是垂垂老矣的祖父母。杭丁頓舞蹈症的病程發展緩慢，又沒有特殊的早期症狀，病患的病症很可能被誤認為是痴呆或年老所致。

正因為杭丁頓舞蹈症的發病時間晚，所以能在族群中傳遞下去，天擇也拿它沒轍。天擇的壓力只能作用在以直接或間接方式影響個體生殖和生存的遺傳特徵上，所謂生存指的是個體進入生育年齡之前的存活狀態。如果個體生育年齡前的生存沒有受到影響，那麼突變基因早已進入下一世代的基因庫中。杭丁頓舞蹈症對個體能

夠成功生下的後代數量並沒有太大妨礙,因此就成為了天擇作用的一大盲點。

遺傳疾病在人類族群中,普及程度高得驚人,而且通常具有致命性,或者會導致個體衰弱。不管造就這些遺傳疾病的突變已經存在好幾個世代,或者只是偶發突變(sporadic mutation),追根究柢都是我們的DNA藍圖出了錯,好比染色體斷裂、DNA發生突變,以及基因受到破壞。有時候,演化作用也無力阻止這些情形發生。

惡魔般的反轉錄病毒

除此之外,彷彿事情還不夠慘似的,我們的基因組還要承受來自病毒的另一輪猛攻。

人類的基因組裡除了有無意義的假基因、造成有害疾病的突變基因,還有過去遭受病毒感染後所留下的病毒殘骸。聽起來或許很奇怪,不過人類基因組裡確實到處都是病毒殘骸,就人體所有DNA序列來看,人體內存在的病毒DNA比基因還多。

人體內所有的細胞都還有古老的病毒DNA,這一切都拜反轉錄病毒所賜。所有能夠感染動物細胞的病毒當中,最為窮凶惡極的大概就是反轉錄病毒了。反轉錄病毒的生命週期中,有個階段會將自身的遺傳物質插入寄主細胞的基因組中,就像純粹由DNA製成的寄生蟲。安頓好之後,病毒的DNA便靜靜等待發動攻擊的完美時機,一旦開始攻擊,後果通常都很慘。

HIV病毒是人類研究得最透徹的反轉錄病毒。人體的T細胞是HIV病毒的感染目標,這種病毒僅含幾個由RNA(這是一種和DNA非常接近的遺傳密碼分子)構成的基因,以及一種稱為反轉錄

酶（reverse transcriptase，簡稱RT）的酵素。

開始感染細胞時，病毒會鬆開內部結構，由反轉錄酶以病毒的RNA為模本，複製出一段DNA序列。這段DNA序列會找個看起來沒問題的染色體，就這麼安插在寄主細胞的DNA序列中。插入之後，病毒的DNA可以長期等待下去，完美隱藏在寄主細胞中、由無數個鹼基組成的序列裡頭。它還可以隨心所欲的離開、返回寄主DNA序列。離開時，代表病毒攻擊進入活躍期；返回時則表示病毒進入休眠期。

這就是為什麼感染HIV的患者偶爾會發作嚴重的病徵，其他時候健康狀況又不錯的原因；這同時也是HIV病毒感染之所以無法治癒的原因，它就活在DNA當中，想要殺死它，一定會同時傷害寄主細胞。傷害T細胞絕對不可行，如此一來人體的免疫系統形同失去功能。近來，有一些療法在治療HIV感染上獲得巨大成功，說穿了就是讓病毒在患者的餘生都保持休眠狀態。

HIV病毒只會感染T細胞，T細胞和遺傳無關，遺傳是精子和卵子的工作。因此，病人體內的病毒並不會遺傳給下一代。（雖然母親懷孕時有可能會透過交叉感染，使得孩子在分娩的時候或出生前感染病毒）。

然而，如果反轉錄病毒感染了形成精子的細胞，病毒的基因組就會出現在後代體內。孩子出生時，體內每一個細胞裡的染色體都能看見病毒藏匿其中，就像無數微小的木馬病毒，準備用惡毒的內容物轟炸毫不知情的寄主。這孩子的上一代只有生殖細胞感染了病毒，而他——渾身上下都是病毒！

這種遺傳而來的病毒DNA，完全不需要進入活躍期來達到增殖的目的，事實上，它根本不需要在寄主體內製造病毒。病毒的基因

組一旦插入核心DNA之中，無論如何都能傳遞下去。對病毒而言，這是全然的勝利：它什麼都不用做，就能散播開來。

在人類演化史上，這樣的事情發生了無數次，導致我們體內仍然存有病毒的遺骸。幸好，過了這麼久，這些病毒DNA已經發生許多突變，徹底失去感染細胞的能力。不過，後面我們會談到，即便是遺骸，這些病毒DNA仍然可以造成傷害。

人體內每一個細胞所含的DNA中，大約有8％是過去病毒感染之後留下的遺跡，總共有將近十萬個病毒遺骸。人類和鳥類、爬行動物等遠親共同擁有某些相同的病毒遺骸，表示病毒感染的時間點發生在幾億年前。此後，它們的基因組便在世代間默默地不斷傳遞下去。

多數病毒遺骸完全沒有任何功能，即便如此，人體每天還是複製它們幾億次。好消息是，人體內幾乎所有如寄生蟲般的病毒基因組，都已經不再活躍，就像遺骸一樣躺在我們的序列裡，再也不做任何工作，也不會釋放具有活性的病毒到人體細胞內。（在這裡為各位獻上一段科幻驚悚電影的預告片：邪惡的天才發現如何喚醒在人體DNA內沉睡已久的古老病毒。人體將從內部自我毀滅，時間恐怕不多了。）

跳躍的DNA

雖然人體內多數病毒呈現休眠狀態，但這些我們自祖先身上遺傳而來的病毒，在過去確實曾掀起腥風血雨，時至今日甚至偶爾也能見到它們的威力。這些病毒會干擾其他基因的正常功能，多年來造成無數人命喪黃泉。

　　反轉錄病毒的基因組可以在人體DNA中四處跳躍，並隨機插入任何一個染色體中，雖然這些基因組不再製造病毒，但就像個魯莽的傢伙在人體DNA序列上跳來跳去，依舊可以造成傷害。倘若它們插入到重要的基因當中，後果不堪設想，聽起來很奇怪吧？還有更怪的：我們自己的DNA也會在基因組中跳來跳去。

　　人體內無用的DNA有很多種類型。我把最令人困惑、但是數量肯定最多的類型留到最後：我們的基因組中有許多高度重複的DNA，稱為「轉位子」（transposable element，簡稱TE）。轉位子並不是基因，它們只是一段可以在細胞分裂時離開原位、四處移動，最後改變位置的DNA序列，跟我們先前談到的反轉錄病毒基因組並不一樣。

　　如果你覺得這件事聽起來不可思議，想像一下遺傳學家麥克林托克（Barbara McClintock）在1953年首次提出這個概念時，受到眾人如何荒謬的對待。

　　針對玉米葉上偶爾會出現彩色條紋這種遺傳異象，麥克林托克的理論是她唯一能找到的解釋方法。那時科學界對她的理論抱持高度懷疑，不假思索的加以駁斥，然而她不屈不撓，繼續琢磨、改進理論，以玉米為材料，小心謹慎的做了幾百次實驗。

　　在麥克林托克首次提出這番理論的二十多年後，以男性為主導的「傳統」研究團隊，在細菌身上發現了轉位子，迫使科學界重新看待麥克林托克的研究成果，並認可她的研究。1983年，麥克林托克獲頒科學界的最高榮譽——諾貝爾獎。

　　*Alu*轉位子特別適合用來說明人體基因組裡這些令人好奇的轉位子（或稱跳躍的DNA）究竟是怎麼來的。

　　*Alu*之所以為人熟知，因為它是人類和其他靈長類動物體內數量

最多的轉位子。人體基因組內共有一百萬個*Alu*的複本，四散在基因組裡，每一條染色體上、基因內、基因之間，到處都是它們的蹤影。它們究竟如何出現在人體基因組中？這故事既不可思議又叫人難以置信。

很久很久以前，有個在地球上生存了超過一億年的生物，體內有個叫做*7SL*的基因做了一件怪事。如今地球上每一種生物，從細菌到真菌再到人類，體內每一個細胞都有可以幫助製造蛋白質的*7SL*基因。

不過，某些古老哺乳類動物的精細胞或卵細胞發生分子錯誤，導致兩個*7SL*的RNA分子以頭接尾的方式接合在一起。

說巧不巧，這時細胞內正好有反轉錄病毒肆虐，在無意之間，反轉錄病毒抓到這段誤接的*7SL* RNA雙分子，便開始以此為樣本，製造DNA分子。

接著，這些DNA序列複本重新插回這不知名生物的基因組，因而產生了更多*7SL*的複本。這些複本其中有一個是正常的版本，至今我們體內仍能找到；剩下許許多多的複本都是接合的版本。細胞並未發現這有什麼古怪之處，於是就把接合的*7SL* DNA序列當成正常的基因，轉錄為RNA分子。

這時，反轉錄病毒再次以RNA分子為模本，製造DNA複本，有些複本插入基因組中，整個過程就這樣周而復始一直循環，每一個步驟都讓*7SL*複本數量呈現指數增長。*7SL*雙分子就是現在所稱的*Alu*轉位子。細胞和病毒一開始究竟製造了多少這樣的接合分子，我們並不清楚，不過幾千個絕對跑不掉。

上述發生分子錯誤的精細胞或卵細胞，機緣巧合之下所產生的後代，就是靈長總目（Supraprimate）動物的祖先。隸屬靈長總目的

動物包括鼠、兔，和靈長類動物，牠們體內全都有數不清的*Alu*轉位子，而其他動物並沒有。

如此大規模的分子錯誤，導致動物基因組中到處散落著無數個反常的變形基因複本。你一定覺得這下事情嚴重了，這些動物肯定受到極大的負面影響吧？

各位要是真這麼想，那倒也無可厚非。不過，靈長總目的動物依然安在，說明了這件事沒有影響，至少沒有立即的影響。這些轉位子所插入的DNA序列，大部分都是無關緊要的部位。

*Alu*轉位子隨著動物的世代一路往下傳遞，在古老的靈長總目動物和牠們所有後代身上固定下來，此後，*Alu*轉位子自顧自地繼續複製、散布、突變、插入、重新插入，在基因組裡到處移動。多數時候，這些移動不會造成傷害，但偶爾也會帶來嚴重後果。

到處搞破壞的*Alu*轉位子

這一百萬個隨機插入，四散於基因組中的DNA序列，到底有什麼能耐？

想知道答案，其實並不需要深入回溯人類的演化歷史，看看當今現況就知道了。這些淘氣的*Alu*轉位子對遺傳物質造成的傷害，導致人類對許多疾病的感病性特別高。

好比*Alu*和其他轉位子的插入破壞了基因，致使A、B型血友病、家族性高膽固醇血症、嚴重複合型免疫缺乏症（severe combined immunodeficiency）、紫質症（porphyria），裘馨氏肌肉萎縮症等疾病發生。*Alu*轉位子插入這些重要的基因中，要不是徹底毀了這些基因，就是造成基因功能嚴重受損。

此外，*Alu*和其他轉位子也帶來人類對第二型糖尿病、神經纖維瘤病、阿茲海默症、乳癌、結腸癌、肺癌，以及骨癌的遺傳易受性（genetic susceptibility）。所謂遺傳易受性，表示該基因功能已經弱化，但還不到完全破壞的地步。儘管如此，過去幾世代，數百萬人因為有害的遺傳物質而受傷害或喪命，這一點無庸置疑。

轉位子似乎是人類演化史上的重大挫敗，天擇難道不該消除這種有害的遺傳物質嗎？

各位別忘了，演化作用的運作層級並不是只有個體，連基因、甚至是非基因編碼區的DNA片段，都包含在內。沒錯，隨機發生的突變確實會造成個體的劣勢，但是這些DNA序列，卻會透過自我複製的能力，繼續留存在人類族群中。這正是道金斯（Richard Dawkins）在他的著作《自私的基因》（*The Selfish Gene*）一書中提出的重要見解。

像*Alu*轉位子這樣的DNA片段，如果可以自行複製並增殖，無論它對動物寄主是否有害，都會是天擇青睞的對象。除非，它的傷害力大到讓寄主在繁殖前就已經死亡，這種事情有時也會發生。不過，就*Alu*轉位子而言，這一小段遺傳密碼具備強大的增殖能力，因此即便偶爾過度傷害寄主，而導致寄主死亡，也在它能夠承擔的範圍內。

人體內*Alu*序列的複本數超過一百萬，加總起來，光是*Alu*這一個分子寄生蟲，就占據了人體基因組10％的比例；如果把所有轉位子加總起來，它們占據了人體基因組45％的比例。換句話說，人體所有的DNA中，將近一半都是這些自主複製、高度重複、跳來跳去、卻又不具任何遺傳意義的危險分子，而人體仍然盡責的複製它們，在數十億個細胞裡保留它們的位置。

本章結語：幸運的彩色視覺

想必各位在這本書中一再發現，自然界本就存在著某些缺陷。這些缺陷不見得是系統的程式漏洞，有時候，你甚至可以說它們是系統的特色。

每一個人的基因組中都有一百萬個無用的*Alu*序列，而且人體還不斷複製它們。這件事情古怪歸古怪，但此時看起來，它就是人類的遺傳特徵。*Alu*序列正如同其他儼然已經成為人類特徵的演化缺點，偶爾也能夠為我們帶來一些非常罕見、而且完全意想不到的好處。

*Alu*序列透過容易發生突變的特質來幫助我們。雖然這些突變幾乎總是帶來傷害，但偶爾也能發揮改變DNA序列的功用。在基因組中四處跳躍的*Alu*轉位子，提升了寄主體內的突變發生率，甚至偶爾還能造成染色體斷裂。

聽起來很可怕是嗎？畢竟突變和染色體受到傷害，對個體而言向來不是好事。然而，如果把眼光放得長遠一些，突變其實是有益於寄主的。突變率高的動物譜系會有較好的適應能力，因此就長期而言，這些動物有較高的遺傳可塑性。當然，前提是這些突變沒有造成牠們滅絕。

雖然，對於因為*Alu*序列發生有害突變，而飽受折磨甚至死亡的個體來說，實在無法因為這樣的突變感到欣慰。然而，一旦發生罕見的有利突變，就可以徹底改變物種的演化路徑。我們必須以長遠的眼光來看待這件事情：罕見的有利突變提供了新了遺傳材料，經過天擇作用，物種可以產生新的演化適應。人類優異的彩色視覺就是最佳例證。

突變帶來了三色視覺

大約三千萬年前，在所有舊大陸猴和猿類（包括人類在內）的共祖身上，一次 *Alu* 序列隨機插入的事件，帶來視覺能力的大躍進——可以看到更豐富的色彩了。

在我們的視網膜上有一種構造稱為視錐（cone），是可以偵測特定光線波長的特殊構造，也就是可以偵測色彩的構造。視錐內含有可針對不同顏色做出回應的視蛋白（opsin）。在此之前，我們的祖先只有兩種視蛋白，各自對應不同的顏色。接著，就發生基因重複（gene duplicate）這起開心的意外了。

簡單來說，這段 *Alu* 序列跟平常一樣在基因組裡大搞破壞，剛好跳到視蛋白基因附近，經過自我複製之後，它又跳走了。然而在 *Alu* 序列自我複製的過程中，無意間連帶完整複製了視蛋白基因，跳走時也一併帶上了這段新複製的視蛋白基因。當這段 *Alu* 序列重新插入基因組時，也一起插入了這段新的視蛋白基因。於是，這隻原本只有兩種視蛋白的幸運猴子，這下子多了一種視蛋白。這就是所謂的基因重複。

基因重複是 *Alu* 序列的正常行徑，所以我們體內才會有這麼多 *Alu* 序列的複本，然而過程中完美複製了視蛋白基因，又完美將它重新插入基因組中，簡直可謂奇蹟。

一開始，這段新複製的視蛋白基因肯定和原來的基因一模一樣；然而，有了三個視蛋白基因之後，它們可以各自突變、演化。透過突變和天擇的琢磨，這些古老猴子就有了三種不同類型的視錐細胞，可以偵測不同顏色。這些猴子的所有後代，包括我們在內，也就有了三種不同類型的視錐，獲得了三色視覺（trichromacy）。

　　擁有三色視覺的動物可謂得天獨厚，可以看見更寬廣的光譜。比起狗、貓，和我們的遠親新大陸猴，猿類和舊大陸猴能看見更豐富的色調。

　　這種經過強化的色彩偵測能力，讓我們的祖先更能適應雨林棲地，畢竟對牠們而言，找尋水果是維生的重要工作，而且牠們的 GULO 基因早在幾百萬年前就已經損壞，有了三色視覺可以大大幫助牠們在濃密的森林裡尋找成熟的植物果實。喔，別忘了，我們能有如此優異的視覺，都得感謝在基因組裡跳來跳去的 Alu 序列，是它引起突變，才能帶給我們這麼大的好處。

　　視蛋白基因的重複，以及後續一連串衍生出三色視覺的事件，聽起來簡直不可思議。不過，這就是演化，總有瘋狂的事情會發生。雖然這些事件多數是有害的，然而一旦出現有利的事件，那還真是棒透了。

第四章

難產的人類

為什麼人類不能輕易判別雌性是否正在排卵，

從而知道何時是生孩子的好時機？

為什麼人類的精子無法往左拐？

為什麼所有的靈長類動物中，人類的生育率最低，

新生兒和母親的死亡率卻最高？

物種能夠持續演化下去，有許多先決條件，其中最重要的一項就是繁殖，而且是大量繁殖。

在野外生活必須時時面對挑戰。所有物種的新生個體，多數無法活到足以繁衍下一代的年紀——除了人類之外（感謝現代醫學的幫助）。這是達爾文最重要的見解，他認為所有生物必須不斷繁殖，而且是大量繁殖，才能讓族群大小保持不變，這意味著活下來並不容易，而且多數個體都失敗了。

物種只能靠著多產來和大自然競爭生存機會。有些物種產下的子代數量少，但是對子代照顧有加；有些物種產下的子代很多，但是生完後完全置之不理。不過，對所有物種而言，大量繁殖是個體生命所追求的重要目標。繁殖是我們與生俱來的本能，這是物種存續的唯一方法。

當然，包括人類在內的生物，並沒有真正以目標導向的觀點來看待繁殖這件事。我們希望孩子能夠好好活著，是出自於根深柢固親職本能，而不是因為我們意識到保存人類的基因有多重要。不過事實依然是事實：我們天生就有想把基因傳遞下去的慾望。

生物只有一種方法可以確保自身的遺傳物質能夠傳遞下去，那就是至少要有一、二個子代能夠存活、成長，並繁衍自己的子代。許多子代無法存活是不爭的事實，就算不是被捕食者吃了或被對手幹掉，也會有傳染病來奪命。天擇的強度給了所有動物積極繁殖的動力。

有鑑於人類是地球上最成功的物種，你可能會認為我們一定精通繁殖之道吧？然而，事實上，人類的繁殖效率極差，簡直毫無效率可言。論繁殖，我們是動物界最蹩腳的成員，從精卵細胞的形成到新生兒的存活，人類的繁殖幾乎全程充滿錯誤和缺點。

　　我之所以用毫無效率來形容人類的繁殖，是因為哺乳動物繁殖對（breeding pair）所產下的子代數量，應該遠遠超過人類的現況，而且其他哺乳動物的繁殖大多很有效率。

　　就說貓吧，只要一兩年的時間，一對貓就能生出好幾百隻小貓。然而一男一女，給他們兩年的時間，大概就只能生下一個孩子。沒錯，人類的懷孕期和幼兒的成熟期比較長，不過這並不是唯一的阻礙，各位繼續看下去就知道了。

　　比起其他包括人類近親在內的哺乳類動物，我們的繁殖效率簡直差到無以復加。說也奇怪，科學界對這樣的現象卻少有解釋。我們僅瞭解少數人類繁殖困境的原因，但大多數的困境，我們還摸不著頭緒。總之，人類的繁殖充滿謎團。

　　全世界的人口數已經突破七十億大關，實在很難想像我們的繁殖效率竟然很差。然而，在某種程度上看來，人類的繁殖缺點恰恰凸顯了我們在演化上獲得巨大成功的事實。

不孕症狀

　　我們很容易把人類繁殖的效率低落歸咎於一個明顯的大問題，好比怪罪我們有這麼大的腦子，所以需要很大的頭骨，導致分娩對母親和胎兒來說都是件危險的事。

　　不過，事情沒有這麼簡單。人類整個繁殖過程，從精卵細胞的形成到新生兒的存活，到處都是問題，直指人類生殖系統各項設計缺失。人類生殖系統每一部分所存在的生物學錯誤，都比其他我們所知的哺乳類動物來得多，其中肯定出了很大的差錯。

　　你可以說這些低效率的現象，某種程度而言是種演化適應，或

許為了達到某種目的，好比控制族群成長。稍後我會短暫討論這個可能性，不過各位可以想想，如果真是如此，這樣的妥協未免太令人沮喪，畢竟其他物種可以透過更好的方式來達到相同目的。

舉個例子，狼群中有放棄繁殖權利，選擇照顧同伴後代的獨身狼，不過那是狼群的社會結構導致牠們選擇獨身，獨身狼的生殖系統本身並沒有問題。況且，一旦狼群首領死亡或落敗，獨身狼可以選擇不再獨身。

換到人類身上就不是這樣了。許多人的不孕並不是一種選擇，除非有現代醫學的幫助，否則不孕幾乎是一種不可逆轉的遺憾，而且現代醫學還是到了非常近期才有辦法幫助不孕人士。生理上的缺陷不說，拿任何經歷過不孕痛苦的人士和獨身狼、工蜂、雄蟻，或其他為了族群利益而犧牲自身繁殖機會的生物相比，更是殘忍至極的行為。人類族群中，不孕人士的數量竟然高達數百萬，這些人長時間忍受不孕症的折磨，甚至終生都無法擺脫不孕症的糾纏。

更慘的是，不孕症還有家族遺傳的可能性，這實在是更令人訝異又難以接受的殘酷事實。再者，不孕症通常沒有任何外在或內在的徵兆。工蜂、獨身狼知道自己在族群中扮演著沒有繁殖權利的角色，牠們的同伴也很清楚這一點。相反的，人類只有到了準備懷孕的時候，才會發現自己不孕。

我們身邊總有朋友承受著生殖問題帶來的困擾。不孕人士的數量估計，會因為地理區域和「不孕」一詞的定義而有所差異，不過多數研究指出，在試圖懷孕的伴侶當中，有7％到12％持續面臨不孕的困擾。人類族群中，生育問題在男性和女性身上一樣常見，有四分之一的不孕案例是因為男女雙方的生殖系統本身就有問題。

許多飽受不孕症折磨的人都知道，生育問題帶來獨特且極大的

心理影響。許多疾病對健康的影響遠大於不孕症，卻不像不孕症造成患者情緒低落至此。光是想到自己無法生育後代，對許多人而言就是靈魂深處最沉重的打擊。多數人都想要生孩子，失敗的結果彷彿在他們心上劃了一刀，導致精神委靡，並且喪失自信。再怎麼鐵石心腸的人，都不忍苛責不孕症的患者。

不孕人士要承受的汙名和恥辱不在話下，然而人的一生中都經歷過不孕的時刻：人類在達到性成熟之前都是不孕的。當然，在性成熟之前，你可能沒有想到自己在本質上是不孕的。儘管如此，人類性成熟之前的不孕，和進入成人期之後的不孕，對物種繁殖而言，其實是差不多的兩件事。

晚熟的挑戰

相較於其他哺乳類動物，甚至是我們的近親物種，人類性成熟的時間相對較晚。平均而論，人類的性成熟期比黑猩猩晚了兩、三年；比狒狒和大猩猩晚了四、五年。

人類新生兒的頭部非常大，因此母親的骨盆也必須夠大才能順利生產。女性在分娩過程中死亡機率非常高，體型嬌小的女性死亡率更高。然而，這並不能解釋男性的性成熟時機為何這麼晚，甚至比女性還晚。不過就物種的繁殖力而言，這沒有太大影響，即便許多男性有不孕問題，但男性和精子從來不是人類繁殖的限制因子。

和其他靈長類動物相比，人類女性性成熟時期較晚，導致人類繁殖效率降低，因為女性很可能根本無法存活到可以生育的年齡。別忘了，生活在更新世的人類生存有多困難。從石器時代至現代社會的早期，在野外生活的人類都得面臨各種突發的死亡悲劇。

　　換句話說，女性每度過一年沒有生育的日子，等於提高她沒有留下任何後代就死亡的機率。現在看來，這不是什麼大不了的事情，然而對人類的物種存續而言，這是一個極大的挑戰。現代醫學出現之前，人類一生的死亡率都非常高，不像現代人直到步入老年之後死亡率才會變高。人類演化進程中，多數時間都有許多人年紀輕輕就死亡，沒有留下任何後代。

　　因此，性成熟的年齡是繁殖力的首要限制因子，放諸所有物種皆準。當官員考慮必須對哪些受威脅或瀕臨絕種的動物施行保育時，性成熟的年齡就是關鍵的考量因素。黑鮪魚（Bluefin tuna）常被認為是需要保護的魚類，不僅僅是因為幾十年來的過度捕撈，還因為雌魚出生後要二十年才能達到性成熟，這代表遭到過度捕撈的魚群需要很長一段時間才能回復常態。

　　撇開性成熟年齡太晚不說，就算來到性成熟期，人類也經常遇到精卵品質不佳的問題，而精卵卻是傳遞遺傳物質最重要的載具。

　　先從男性開始說起吧，2002 年美國疾病管制與預防中心研究指出，四十五歲以下的男性中約有 7.5％曾造訪過生殖專科醫生。多數男性的診斷結果為「正常」，表示醫生沒有在他們身上發現任何明顯不對勁的地方，但其中約有兩成男性精子或精液的品質在標準以下，這些人要以男歡女愛的方式完成繁殖幾乎是不可能的事情。

　　正常狀況下，精子可謂小而巧的游泳高手。雖然精子是人體內最小型的細胞，但卻是移動速度最快的細胞。進入陰道後，精子必須游上十七・五公分左右的距離才能抵達卵子所在的位置。對於只有五十五微米（micrometer）的精子而言，這段超過自身長度三千倍以上的距離實在是一條漫漫長路，相當於人類跑上三十公里的距離。更厲害的是，精子每秒可游一・四毫米，相當於人類以四十公

里的時速持續跑上四十五分鐘。全世界最快的短跑選手波特（Usain Bolt）只能以這樣的速度跑上幾百公尺。相形之下，精子的移動速度實在驚人。

然而，人類的精子游動方向是隨機的，導致浪費了大把時間，因此自陰道抵達輸卵管的時間遠遠超過四十五分鐘。

精子無法向左轉

事實上，人類的精子無法往左轉。精子並不是左右擺動尾巴往前游，而是靠著螺旋方式行進，就像你舉起食指在空中畫圈那樣。多數精子的尾巴以右旋方式擺動，推動精子往前方和右方移動，就像在不斷擴大的圓圈中游泳。因此精子要花上三天的時間才能抵達輸卵管，讓卵子受精。

雖然，一開始進入陰道的精子數量非常多，然而能夠靠近卵子的精子少之又少。所以，人類男性的精液中需要有大約兩億顆精子，才能成就一顆精子和卵子的終極相遇。精子數量不足，是男性最常見的生育問題。

1%至2%的男性有精子數量不足的問題。他們每次射出的精液中，所含的精子數量「只有」一億個（甚至更少）。由於男性射出的精液量差異極大，因此精子數的計算方式都常以每毫升的精子數為單位。

品質正常的精液應該含有多少精子量？醫療專業人士對此抱持不同看法。一般標準認為，每毫升精液含有兩千五百萬顆精子。每毫升精液的精子數量若低於一千五百萬，則視為精子數量低；低於五百萬則視為極低，這些男性很難以正常方式讓女性受孕。

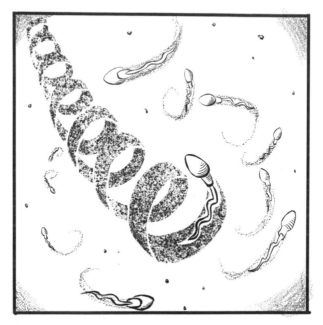

精子以螺旋推進的方式移動，有如在一個右旋的圓圈中朝著隨機方向游泳。
因此，從陰道到輸卵管這段不長的距離，對精子而言卻是一條漫漫長路。

　　某些人是因為體內荷爾蒙或生理結構的問題導致精子數量不
足，有時只需要改變生活型態或飲食習慣，搭配藥物幫助，就可以
回復正常的精子數量。多數時候，改變生活型態或飲食習慣就是適
度增加精子數量的最好方法。

　　關於精子，男性可能遭遇到的問題不只有數量不足，還可能有
活動力低下、形態不佳、存活力低下的狀況。如果精液的pH值、黏
稠性或液化時間不正常，都會使受孕變得更加困難。簡單來說，能
出錯的地方多得很。

至於女性，就卵子形成和排放而言，也有和男性類似的問題。相較於男性，女性的生殖系統精密得多，因此有更多併發狀況，這些併發症多數發生在子宮，因此影響女性懷孕的能力，然而有些女性連排放健康的卵子都有問題。

遭遇生育問題的女性，大約有四成是因為無法排放健康的卵子，另外有少數案例則是因為遺傳和荷爾蒙綜合症作祟，但多數案例找不出原因。

幸好，現代科學在調理女性生殖週期這件事上，已經有不錯的成果。只要抓準注射荷爾蒙的時機，就能順利誘發荷爾蒙失調的女性正常排卵。這種療法收效甚佳，女性可以一次排出多顆卵子，歐洲和北美洲地區雙胞胎的比率也因此大為增加。

如果排卵期來了可以詔告天下……

即便男女雙方都能順利產生、釋放健康的精子和卵子，女性也未必就能成功懷孕。

首先，受精過程必須和排卵時間搭配得天衣無縫，否則只是白忙一場。女性典型的月經週期為二十八天，最好的狀況下，能受孕的時間只有三天；一般而言，女性能受孕的時間只有二十四至三十六小時。因此，就算生殖能力完全沒問題的男女，通常也得努力好幾個月才能成功受孕。

人類想要找出最佳受孕時機所遭遇的最大困阻，在於女性排卵時毫無任何外在表徵。不論男性或女性都無法確切掌握女性的排卵時機，這一點和其他哺乳類動物簡直完全相反。

其他哺乳類，包括猿類在內，一旦**雌**性個體來到動情週期

（estrous cycle）中可以受孕的時機，肯定會大肆宣傳。為了確保受孕，其他動物在雌性個體受孕時期以外，仍會經常交配，也可藉此強化配偶關係。不過，既然交配的終極目標是為了產生後代，能夠知道何時是最佳受孕時機不是比較方便嗎？

為何哺乳類動物中獨獨只有智人（*Homo sapiens*）女性的排卵時機如此隱蔽？這背後可能和演化適應有關。

如果男性無法確知女性何時排卵，那麼只有一直和同一位女性在一起，才能確定孩子是他的。如果女性的排卵時機非常明顯，那麼群體中占有領導地位的男性大可以和每一位正在排卵的女性生育後代，廣泛散布自己的基因，不需要為了確保後代的血統而固守某一位女性。因此，隱蔽排卵導致人類形成長遠的配偶關係，提高父親對子代的投入程度。

不過，從另一個角度來看，這項特徵也算是人類的生殖缺陷：隱蔽排卵大大降低了人類的生殖效率。其他動物可以明確知道雌性個體的受孕時機，人類只能用猜的。

人類以外的哺乳類動物，多數具備非常成功的懷孕策略，雌性個體在交配過後就會自動進入孕期，即便牠們並沒有真的懷孕。以鼠、兔為例，結紮的雄性個體和雌性個體交配過後，接下來幾天，雌性個體的子宮會進入準備孕育胚胎的狀態，這就是所謂的假懷孕（pseudopregnancy）。

只要雌性個體在發情期間有過交配行為，身體就會「假設」雌性個體懷孕了，這是多麼厲害的有性生殖策略啊！

換成人類，如果女性在受孕期間每次發生性行為過後就會懷孕，那麼世界上人口增加的速度就和兔子族群擴張的速度差不多。不過，即便有了健康的精卵，兩者成功相遇，受精也完成了，這些

仍不足以保證女性能夠懷孕。畢竟，大部分導致女性懷孕失敗的原因並不是發生在受孕的那一刻。

根據美國婦產科醫師學會統計，經醫師確認懷孕的女性當中，有10％至25％的孕婦會在第一孕期內（孕期前十三週）自然流產。這個數字有嚴重低估的可能性，畢竟樣本範圍只包括了經由醫師確認懷孕的女性。

透過試管受精的相關研究，我們可以知道，染色體錯誤以及其他遺傳上的問題發生頻率非常高，這些狀況會在醫師確認女性懷孕之前，就對懷孕造成危害。根據胚胎學家估計，即便男女雙方的精卵都正常，胚胎無法著床或胚胎著床不久後便自然流產而導致懷孕失敗的機率，仍有三成至四成。

孕婦在進入第一孕期之前就流產的比例，雖然不比孕婦在第一孕期內流產的比例高，卻一樣阻礙人類的生殖過程。即便懷孕達到第十三週，仍有3％至4％的孕婦在懷孕二十週前流產。懷孕超過二十週後的流產通常稱為死產（stillbirth），發生機率小於1％。整體而言，人類精卵結合而成的合子（zygote）有超過一半的機率在結合後幾天或幾週內就無法繼續發育。

說真的，我有時不禁懷疑，人類難道沒有更有效率的生殖方式？你看那高大的橡樹每年落下幾千顆橡實，也不過就是盼望有一兩顆種子能發芽茁壯。

步步驚心的懷孕過程

關於人類生殖最驚人的事實，莫過於所有的流產事件有85％源自於染色體異常，代表胚胎的染色體有多餘、缺失，或嚴重受損的

現象。人類精卵結合所產生的胚胎，最後只有三分之二可以擁有結構完整、數量正常的染色體。其餘15％的流產事件，則是由各種先天狀況所引起，如脊柱裂（spina bifida）或水腦（hydrocephalus）。

當然，胚胎發生染色體和其他先天性的問題，只有在母體確定懷孕以後才能成立。有時候，事情根本走不到這一步。即便一切都很順利，健康的精子在對的時機、對的地點找到健康的卵子，雙方染色體也成功結合，產生了染色體數目正常的合子，但母體仍舊沒有懷孕。這就是所謂的著床失敗（implant failure），我們對此一無所知，而且它發生的機率高得驚人。總之，發育中的胚胎就是脫離了子宮壁，最後因為缺乏營養而死亡。

有時候，就算胚胎成功著床，卻也無法阻止母體月經來潮。意味著胚胎面臨第一項挑戰就敗下陣來：無法阻止母體的子宮內膜剝落。子宮內膜是子宮的內襯，也是胚胎生長發育所需的基質。胚胎著床後，距離母體下一次月經來潮的預定時間大約有十天。

一般而言，胚胎會在這段時間分泌人絨毛膜促性腺激素（human chorionic gonadotropin，簡稱HCG），阻止子宮內膜剝落和下一次月經來潮。如此一來，胚胎就可以持續生長，不會隨著洗澡水一併進入下水道。然而，許多胚胎就是無法分泌足量的人絨毛膜促性腺激素，導致還在發育中的健康胚胎，就這麼令人扼腕地隨著月經離開母體。

雖然我們無法知道確切的數字，但根據保守估計，約有15％的健康合子無法著床，或者無法阻止母體月經來潮，這還不包括另外三分之一我們知道為什麼無法繼續發育的胚胎。有些找不出不孕原因的伴侶，也許精卵結合產生合子的過程並沒有問題，問題在於胚胎就是沒辦法好好附著在子宮壁上。

　　對於試圖懷孕的一對男女而言，這些人類生殖系統裡毛病簡直叫人發瘋，而且令人痛苦。而且，它們明擺著就是生殖系統的錯誤：健康的胚胎竟然流產、看起來沒有問題的生殖器官竟然無法成功懷孕，實在是說不過去。

　　一對想要生孩子的男女，為了受孕，為了維持胚胎健康發育，竟然要面臨這麼多挑戰，不得不說能夠成功懷孕實在是太神奇了。不過，別高興得太早，最後的危險關頭還在等著呢！

出生難關

　　染色體數目正常、成功著床、順利發育的幸運胚胎，還必須突破最後一道生殖關卡：分娩。

　　多虧了現代醫學，如今分娩的危險性已經大大降低，不過在人類演化史上，分娩向來是生殖過程中極度危險的最後階段。許多孩子，更別說母親，根本度不過這個關卡。全球性的數據中，並沒有統計新生兒在分娩時的死亡率，一般都以嬰兒死亡率（infant mortality rate）來表示未能度過人生第一年的嬰兒占多少比例。

　　2014年，所有主要的已開發國家中，除了美國，嬰兒死亡率都低於0.5％。日本的嬰兒死亡率是0.2％，摩納哥則是0.18％；然而美國的嬰兒死亡率是0.58％，高於古巴、克羅埃西亞、澳門，和新喀里多尼亞。主要原因是美國婦產科醫師的兩種行為：第一、頻繁替孕婦引產，也就是以人工方式加速分娩過程；第二、過度替孕婦施行剖腹產。

　　為什麼美國剖腹產的頻率這麼高？這跟律師有關。其實非得要替孕婦施行剖腹產的狀況不多，但醫生害怕沒這麼做會被告上法

庭。不幸的是，這種侵入腹腔的手術常會伴隨許多致命的併發症。

這樣的嬰兒死亡率已經算低，不過分娩是人類一生中要面對的最大風險之一。在醫療環境落後的地區，嬰兒死亡率仍然高居不下，說明了人類的生殖系統有多麼不完美。據聯合國估計，目前阿富汗的嬰兒死亡率是11.5％；西非的馬利共和國則是10.2％。

已開發國家的讀者一旦知道上述這兩個國家中，每十個孩子就有一個活不過一歲，肯定會大感驚訝。然而在非洲或南亞地區，至少有三十幾個國家的嬰兒死亡率大於5％。

回顧過去，即便是最富裕的國家，嬰兒死亡率都比現在高得多。以美國為例，1955年的嬰兒死亡率超過3％，相當於今日的六倍之多。而當時的窮困國家，嬰兒死亡率比現在更高。當年有數十個國家的嬰兒死亡率高於15％，有些甚至超過20％！

我的母親生了五個孩子，老大出生於1960年代中期。如果早個十年，又住在尼泊爾或葉門的話，這五個孩子想要全數幸運存活，實在不太可能。這麼想讓我特別不安，因為我是老五！這些讓人心神不寧的數據竟然發生在不久以前，而不是發生在石器時代的數據，叫人不禁想像史前時代人類的嬰兒死亡率究竟有多高？

其他靈長類或其他哺乳類動物的分娩狀況絕對沒有人類這麼慘烈。雖然和人類近緣的猿類，染色體錯誤以及著床失敗的發生率可能跟我們一樣高，但流產、死產，和分娩過程中新生兒死亡的情形，在其他動物身上非常罕見，靈長類尤其如此。

要計算野生動物的一歲新生兒死亡率很困難，不過根據最佳估計值，其他猿類的一歲新生兒死亡率大概是1％至2％。這代表牠們在分娩過程中承受的風險，比現代美國人高了好幾倍；但這數字卻比生活在馬利、阿富汗，或1950年代之前的美國人低了好幾倍。各

位別忘了，我們談的是野生猿類，在自然環境出生的動物表現通常比受到圈養的動物好得多。

換句話說，有了超音波、胎兒監視、抗生素、保溫箱、呼吸器，加上專業的醫生和助產士，人類嬰兒的死亡率才有辦法下降到和其他動物自然狀況相當的程度。

我們都是早產兒

人類的分娩狀況之所以和其他哺乳類動物差距這麼大，一部分是因為人類嬰兒實在太早出生，而這又跟人類腦子太大以及女性臀部相對狹窄有關。

人腦比較大，需要比較長的時間和更健全的認知發展，才能完全發揮人類的潛力。即便如此，人類的孕期卻和黑猩猩、大猩猩差不多。人類女性的骨盆寬度限制了子宮內胎兒頭部的生長空間。如果胎兒頭部太大，無法通過產道，母子都有可能因此喪命。折衷的方法就是縮短孕期，也導致人類嬰兒出生時，根本還沒準備好面對這個世界。

基本上，我們全都是早產兒，出生時既不成熟，又完全無助。人類嬰兒唯一會做的事情只有吸吮，而且還有5%左右的嬰兒做不到這件事。同樣的，其他多數哺乳類動物並沒有這個問題，有袋類動物除外，牠們可以待在育兒袋裡繼續發育，這是作弊！

哺乳類動物，如牛、長頸鹿和馬的幼仔一落地，只要甩甩身上的水分，馬上就可以開始跑動。海豚、鯨魚的幼仔在水裡一出生，就能毫不遲疑游向水面，呼吸第一口空氣，過程中就算有點掙扎，也只是稍稍費力而已。人類呢？人類嬰兒需要一年多的時間才能學

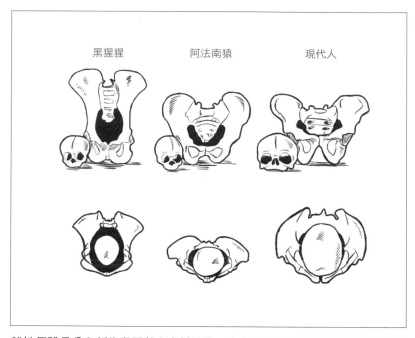

雌性個體骨盆和新生兒頭部大小對照圖，由左至右分別是黑猩猩、阿法南猿（因「露西」而成名）及現代人。人類嬰兒腦部極大，幾乎不可能通過母親的產道——這也是人類嬰兒和孕產婦呈現如此高死亡率的原因。這樣的高死亡率，在其他猿類中相當罕見。

會站，然而就算會站了，人類的嬰兒仍然抵擋不住任何威脅。

　　人類嬰兒如此無助，背後一定有什麼原因吧？總要有個說法來解釋人類如此不擅生殖的現象。人類各種和生殖有關的問題與其他哺乳類動物形成強烈的對比，有些科學家的確認為這可能是一種演化上的適應策略。

　　這些科學家認為生殖速度減緩之後，父母可以多花一些時間照

顧孩子，直到孩子長大成人可以繁衍後代為止。就這論點而言，人類的生殖問題不是災禍，反倒是祝福。人類懷孕次數不那麼頻繁，表示每個孩子得到父母關注的時間變長，因此可獲得更好的生存機會。換句話說，人類整體的生殖率低下，可能是大自然的策略，好讓無助的人類嬰兒在靠自己雙腳站起來前，能獲得父母更多關注。

不過，這種推論有個問題。如果大自然希望人類拉長兩次懷孕之間的間隔，為什麼要透過錯誤的開始和死亡這兩種令人痛苦、又浪費能量的方式？要解決這個問題，有更簡單的方式：只要把女性生產後到恢復生育能力所需的時間拉長就好了。

許多物種，包括人類的近親在內，就是這麼做的。大猩猩兩次懷孕的間隔時間將近四年，不過如果幼仔死亡，雌性個體會立刻進入發情期；黑猩猩兩次懷孕的間隔平均超過五年；有些紅毛猩猩，兩次懷孕的平均間隔時間超過八年！持續照顧、撫育幼仔會抑制這些猿類的排卵——月經週期，因此拉長兩次懷孕的間隔時間，雌雄個體也可以盡其所能照顧幼仔和未成年個體。

人類卻不是如此。我們不斷生孩子，希望他們都能平安長大。我們的近親物種兩次懷孕的間隔時間都比我們長，因此很有可能，人類的祖先也是這樣的，換句話說，只有現代人是異類。人類持續演化，女性兩次懷孕之間的生殖空窗期時間縮短，這不僅無助於減輕人類嬰兒脆弱無助的問題，反倒使問題更嚴重：還在忙著照顧幼兒的父母，又得分神照顧新生兒。

人類女性之所以這麼快恢復生育能力，目前最主要的解釋認為這是因為人類部落變得愈來愈龐大，於是成員之間可以互相照看孩子。有了家族成員幫忙照顧孩子，減輕父母的重擔，女性不再需要這麼長的懷孕空窗期。再者，人類祖先變得愈來愈聰明，溝通能力

增加，學會合作，提高狩獵和採集的效率，導致某些女性只需要專心養育孩子就好。不難想像，這個理論的支持者大多是男性。

科學家並沒有因為這種帶有性別主義色彩的理論，就放棄建立有科學性的假說。此外，還有別的原因可以推翻這種說法。好比我自己就認為這種解釋不夠全面，最好的狀況之下，它頂多只能解釋女性生殖間隔時間縮短的現象。如果，過去幾百萬年來，人類的演化往提高生殖率的方向前進，為什麼獨獨縮短了生殖間隔時間，而其他有關生殖的部分卻變得更糟呢？

在我看來，女性在產後可以快速銜接下一次懷孕的現象，只是人類演化出隱蔽排卵這種機制時，一項意外的副產品。

女性持續性的隱蔽排卵必然導致性行為次數增加，因為男女雙方都無法確知女性何時可以受孕，也因此促進了家庭的凝聚力和親代投資。性行為次數增加必然導致懷孕次數增加，這個開心的意外也彌補了人類嬰兒因為頭骨太大而導致死亡率增加的狀況。既然人類嬰兒的死亡率遠高於其他猿類，只好提高出生率來平衡損失。

且不論人類的生殖方式如何演變，透過縮短生殖間隔來彌補極高的嬰兒死亡率，實在是非常糟糕的生殖系統設計方案。不過，這也沒什麼好大驚小怪的，畢竟演化從來沒有計畫可言，它既隨機又懶散，毫無精準度，而且從來不講情份。

母難日

女性分娩過程中，承受風險的絕對不是只有嬰兒，母親也可能因此喪命。

現代醫學同樣有效降低這種風險。以美國為例，2008 年的數據

顯示，每十萬例活產只有二十四名產婦喪命。說來驚人，這個數據在2004年和1984年分別是二十和九‧一，主要原因是我們前面提起的過度剖腹產。然而，在開發中國家，這個數字高得多。

2010年在索馬利亞，每十萬例活產就有一千名產婦喪生，相當於1%的比例。各位可能會認為這是因為開發中國家生殖率較高的關係，然而這些女性因分娩而死亡的終生風險（cumulative lifetime risk）約為十六分之一。這表示，多數索馬利亞人身邊會有好幾位因分娩而喪命的女性。

過去幾個世紀以來，有關產婦死亡率（maternal death rate）一直存在極大爭議，更別提古典時期、史前時代，和農業出現之前的時代。考量現在仍有幾個國家，包括索馬利亞在內，產婦死亡率仍然居高不下，過去的產婦死亡率至少也有1%至2%。

因此，在很久很久以前，分娩是非常危險的經歷，現在有些地方依然如此。人類出現在地球上以後，有很長一段時間，出生是最主要的死因，這麼說絕不誇張。對懷孕的女性而言，分娩是他們接下來要面對的最大威脅。

如此高的產婦死亡率，同樣又是人類獨有的狀況。對其他野外的靈長類動物而言，分娩過程相對安全，再說其他靈長類動物可沒有享受現代醫療的幫助。黑猩猩、侏儒黑猩猩、大猩猩，和所有人類的靈長類近親，從沒聽說有雌性個體在分娩過程中死亡的情形，這又是人類獨一無二的險境。

嬰兒以頭上腳下，而非頭下腳上的方式出生，稱為臀位分娩（breech birth），這對產婦來說尤其危險。當然，臀位分娩還是有可能順利生下孩子，但困難度高得多。如果沒有醫療人士的幫助，臀位分娩對母子雙方而言，都會導致較高的死亡率。

死亡率究竟有多高，各方說法不一，不過普遍認為臀位分娩導致產婦的死亡率至少高出三倍，嬰兒死亡率則是高出五倍。這是當今世界產婦都要面臨的高度風險，因此女性必須接受產後護理和現代醫學的照顧。

對胎兒來說，臀位分娩的風險主要來自臍縊（constriction of the umbilical cord）發生的機率比平常高出十倍，受到壓迫的臍帶會導致胎兒缺氧。臀位分娩需要的時間本來就比較長，有時甚至持續好幾個小時。因此遇到這種狀況，醫生幾乎一定會替產婦剖腹。

醫學讓演化作用短路

傳說人類史上首位接受剖腹產的產婦，正是凱撒（Julius Caesar）的母親，當時醫生發現胎兒呈現頭上腳下的臀位分娩姿勢。如今，大家普遍認為這個傳說並不是真的，但古代世界對剖腹產並不陌生，畢竟臀位分娩可能導致產婦及胎兒雙雙殞命。

在古代，印度、凱爾特（Celtic）、中國，和羅馬神話中，都有人或半人半神接受剖腹產的故事。事實上，早在凱撒之前，羅馬的法律就規定，如果孕婦死亡，必須立刻進行剖腹搶救胎兒。這原本應該是一項公共衛生政策，但後來顯然演變成民間迷信：人們認為未出生的胎兒如果在孕婦子宮中死去，未來會遭遇殘忍的重生經歷。這樣的說法，讓哀痛逾恆的家人增添勇氣，才能拿刀割開死去孕婦的肚皮。

在古代，為孕婦執行剖腹產的人不僅沒有受過專業訓練，又常常抱持著驚恐的情緒，更增添了臀位分娩的風險性。在符合衛生和消毒程序的手術室出現之前，一旦剖腹，儘管偶爾有成功救活胎兒

的例子，但是孕婦幾乎必死無疑。這一切都是因為人類生殖系統存在著缺陷。

　　如果你曾經看過其他哺乳類動物分娩的情況，就會知道分娩過程根本不應該如此戲劇化。分娩的牛隻彷彿根本沒注意到小牛已經誕生；大猩猩分娩時通常還能一邊進食，或者一邊照顧幼仔。

　　放眼動物界，之所以只有人類遭遇到分娩的困境，是因為我們太快演化出碩大的頭骨，然而生殖系統應對這些身體構造的改變時，演化速度又太慢。

　　如果有足夠時間，天擇作用當然會以各種可能的方法排除問題。不過，如今人類想要透過天擇來適應這種生殖困境的機會幾乎是零。因為現代醫學已經大幅度介入人類的生殖，解決有關分娩的問題，讓許多女性和小孩可以不用遭天擇淘汰。

　　這又是一個人類以智慧克服身體限制的例子，科學再次解決了大自然留給人類的難題。不過，這個過程中，我們可以說科學造成演化作用短路，讓人類屈就於這個帶有缺陷的生殖系統。

迷路的胚胎——子宮外孕

　　要討論女性懷孕和分娩時所承受的死亡風險，就不得不提到子宮外孕（ectopic pregnancy）。

　　在科學界，「ectopic」代表某個物體出現在不該出現的位置，或某個事件發生在不該發生的地方。子宮外孕的地點幾乎都發生在輸卵管（fallopian tube），也就是受精卵著床的位置在輸卵管，而不是子宮，這是十分危險的狀況。現代醫學出現之前，子宮外孕的女性幾乎必死無疑。

　　卵巢排卵之後，卵子沿著兩根輸卵管的其中一根往下移動，最後抵達子宮。卵子不像精子具備可以幫助推進的鞭毛，而且卵子周圍有數百顆濾泡細胞（follicular cell）形成的保護層，稱為放射冠（corona radiata），這一點也跟精子不一樣。

　　濾泡細胞也沒有鞭毛，於是卵子和這些濾泡細胞只能在輸卵管裡漫無目的緩慢移動，就像好幾艘綁在一起的救生筏，在廣闊的大海中漂流。卵巢距離子宮僅僅十公分，但卵子至少需要一個禮拜以上的時間才能抵達目的地。

　　相比之下，精子因為有鞭毛的推動，前進速度比卵子快多了。卵子移動速度慢，精子移動速度快，在輸卵管中漫遊的卵子碰上急忙衝來的精子，所以卵子受精的地點幾乎總在輸卵管。未受精的卵子通常在抵達子宮之前就會死亡。別懷疑，它移動的速度就是這麼緩慢。

　　受精之後，合子內部會發生一連串的化學反應，為後續的發育做準備。

　　受精後大約三十六小時之中，合子開始不斷快速分裂。單細胞的合子一分為二，二變四，四變八……一直到受精之後的第九或第十天，受精卵形成有兩百五十六個細胞的中空球體，也就是胚胎。

　　這時的胚胎才有著床能力，並傳送訊息給母體，阻止母體月經來潮，孕期也從此時開始。之前我曾說過，胚胎面臨的第一項挑戰，也是最大的挑戰，就是阻止母體月經來潮，未能成功的胚胎會隨著下一次月經一起離開母體。

　　十天的時間應該足夠讓胚胎抵達子宮，不過胚胎就和卵一樣，移動起來漫無目的。偶爾，胚胎分裂至兩百五十六個細胞時，根本還沒有離開輸卵管，這時胚胎便會把輸卵管壁當成子宮壁，開始著

床，子宮外孕就這麼發生了。

　　孕期的前八週，胚胎還非常小，周圍組織滲透而來的養分和氧氣就足夠胚胎使用。因此在子宮外孕早期階段，無論是胚胎或是輸卵管，都無法察覺異狀。然而，隨著胚胎持續生長，問題就會逐漸浮現。

　　輸卵管不可能承受得了胚胎這樣持續生長下去，對輸卵管而言，胚胎簡直就像寄生蟲。

　　胚胎本身沒有任何方式能夠察覺這是不正常的狀況，因此繼續生長發育，對輸卵管造成極大威脅。懷孕過程一旦出現危險，子宮能以流產的方式終止母體懷孕，但輸卵管沒有這種能力。情況愈來愈失控，生長中的胚胎已經開始壓迫輸卵管壁，孕婦在這時候可能才發現事情不對勁。

　　壓迫輸卵管壁的胚胎造成孕婦愈來愈嚴重的疼痛，如果沒有找上醫生協助處理，繼續生長的胚胎終有一天會撕裂輸卵管。除了帶來劇痛，還會導致內出血，如果不緊急動手術修補受傷的組織、縫合破裂的血管，孕婦很可能流血致死，而兇手正是那找錯地方著床的孩子。

　　另外還有更罕見、更奇異，也更危險的子宮外孕：離開卵巢的卵子根本沒有進入輸卵管。這種情況少之又少，說來奇怪，這竟是因為輸卵管和卵巢其實並沒有相連。

　　輸卵管的開口包圍著卵巢，這就好像水管開口太大，而水龍頭太小的狀況。輸卵管和卵巢並沒有實際接觸，有時候卵子離開卵巢後直接進入腹腔，而沒有進入輸卵管。

　　其實這種狀況也無關緊要，卵子幾天之後就會死亡，然後被環繞腹腔，高度血管化的組織──腹膜（peritoneum）重新吸收，並不

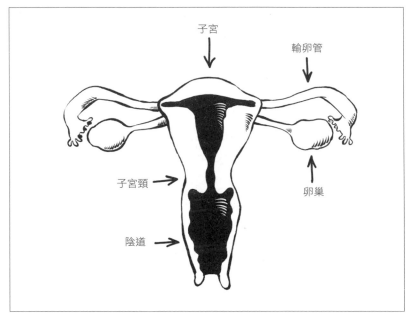

女性的生殖器官。由於卵巢和輸卵管並沒有實際相連，因此卵巢排出的卵子未必能進入生殖系統。

會造成大礙。

　　然而，如果卵子進入腹腔之後，在一天左右的時間有精子趕到現場，卵子可能因此受精。這也是同樣罕見的狀況，因為精子必須跑到腹腔來搜尋卵子的蹤跡，而不是像平常一樣順著陰道前進，不過，這種事情偶爾就是會發生。

　　於是，完全不知道自己來錯地方的胚胎，就這樣開始生長、分裂，在附近的組織著床，著床地點通常在腹膜，偶爾也會發生在大腸、小腸、肝臟或脾臟的外膜上。

　　腹腔懷孕帶來極大的風險。在開發中國家，腹腔懷孕常常導

致孕婦死亡；在已開發國家，可以藉由超音波掃描輕易發現這種狀況，並且透過手術移除注定無法長大的胚胎，修補任何受傷或流血的組織。

令人難以置信的是，有少數幾起腹腔懷孕的例子，孕婦和胚胎雙雙安然無恙來到孕期第二十週。經手術取出的胚胎根本尚未成熟，雖然伴隨著嚴重的併發症和發育問題，究竟也活了下來。大眾媒體總稱這些胎兒為「奇蹟寶寶」，但如果沒有先進的醫學和絕佳的運氣，奇蹟不可能發生。

胎兒石化

「奇蹟寶寶」的反例，大概就是「胎兒石化」（lithopedion）了。偶爾，在孕婦腹腔發育的胚胎在死亡前已經進入第二孕期，不知怎麼，這胚胎並沒有傷害母體或造成孕婦死亡。

第二孕期的胎兒已經太大，超過腹膜可以吸收的程度，母體顯然也無法以流產或死產的正常方式處理胎兒。總之，胎兒就卡在母體腹腔裡。接著，母體開始做出反應，胎兒被視為可能引起感染的外來物。於是，母體分泌鈣質，在胎兒和羊膜（amnion）外形成一層硬殼。

胎兒石化常被稱為石胎，是非常罕見的情形，歷史上有紀錄的一共只有三百例。石胎引起的問題，通常必須透過手術才能解決，不過也有報告指出，有女性安然無恙和石胎和平共處了數十年，完全沒有發生任何症狀。舉例來說，在智利，有一位女性懷著腹腔中重達兩公斤多的石胎長達五十五年，過程中她甚至還自然產下了五名孩子。

雖然石胎和腹腔懷孕都是很罕見的情形，但它們肯定是生殖系統設計不良而導致的後果。任何明理的配管專家都會讓輸卵管和卵巢相連接，從而阻止這些悲慘的災禍發生。

同樣的，哪怕是最缺乏想像力的工程師，也會替卵細胞設計某種推進方式，或起碼在輸卵管壁安置纖毛，輕柔推動卵子往子宮前進。這兩種方法都可以杜絕胚胎在輸卵管著床，而且只要用人體現有的結構就可以達到目的。

不過，大自然並未提供這樣的解決方案，因此子宮外孕，尤其是最常見輸卵管妊娠，發生的頻率的比你想像中高得多，約有1％到2％的比例。

這個數字很可能還是低估值，因為至少有一成（甚至高達三分之一）的輸卵管妊娠在著床過於深入之前，胚胎就已經自然死亡，所以很多輸卵管妊娠的狀況根本沒有被發現。

我們就別一直挑剔輸卵管了，人類整個生殖系統都充滿著毫無效率可言的拙劣設計，且讓我們回顧一下吧：性成熟時間太晚、隱蔽排卵、難以製造健康的精卵、胚胎無法著床、胚胎染色體增加或缺失、初期懷孕無法成功，就算一切都很順利，孕婦分娩時，母子雙方的死亡率都高得嚇人。

老實說，人類所有的器官系統和生理構造中，生殖系統的問題最多，功能效率低下。有鑑於生殖對於物種的生存和成功與否非常重要，人類的生殖系統如此差勁實在奇怪。尤其是人類生殖系統中有許多問題，在其他動物身上根本不存在，或者發生機率非常低，這更是叫人難堪。不過，令人驚訝的是，即便人類的生殖系統設計得如此糟糕，我們終究還是捱到了現代，讓科學有機會替我們解決生殖問題。

本章結語：祖母假說

近來，科學界發現虎鯨（orca）和逆戟鯨（pilot whale）也有停經期（menopause）。另一項研究發現，一隻虎鯨以高齡一百零五歲逝世，距離牠上一次生產已經超過四十年。雖然人類的生殖系統效率奇差無比，而且常帶來致命風險，但說到停經期，我們不至於全然孤獨。

停經期又稱生殖老化（reproduction senescence），女性進入停經期之後，月經週期不再重複，失去生殖的能力。雖然鯨魚似乎也有停經期，但多數雌性哺乳類動物，直到生命最後一刻還能生殖。

即便女性到了老年才會失去生殖能力，但只要有停經期存在，就會降低女性把遺傳物質傳遞給下一代的機會。因此，停經顯然背離了天擇作用，這現象是待解開的謎題，同時也可能是人類生殖能力的另一項缺陷。不過，既然演化作用把停經這件事留給人類族群，對年老的女性或她的後代而言，停止生殖或許有某些優勢。但是，那究竟是怎麼回事？

有一說認為，年老的女性不用再背負生殖重擔，可以積極投入照顧孩子及孫子。這種確保自己的遺傳物質往下傳衍的方法，甚至比多生幾個孩子還有效。不過，在開始討論這個說法的可能性之前，我們必須先搞清楚停經在女性體內到底是怎麼發生的。

我曾經聽過民間常見的說法：停經期不過是人類壽命延長之後的特有副產品。這個說法認為人類進入現代之前，預期壽命（life expectancy）只有三、四十歲，女性在停經期來臨之前就已經死亡。現在，人類可以活上七十年到九十年，所以停經期才開始發生。

然而，這個說法誤會了「預期壽命」的真正含意。

　　沒錯，中世紀、古典時期，甚至史前時代的人類壽命平均只有二、三十年，平均死亡年齡也很低，但那是因為嬰兒和孩童的死亡率極高，拉低了平均死亡年齡。

　　史前出生的人類，多數無法活到可生殖的年齡，不過也有不少人就算以今日的標準來看，仍然相當長壽。

　　從古代的文獻和經過復原的人類骨骸來看，即便在史前時代，還是有人活到七、八十歲。根據估計，活過青春期的史前人類平均死亡年齡在五十多歲，能活到六十多歲的大有人在，活到七十多歲的人雖然不多，但也不是沒有。

　　到了中世紀，即便有了醫學，人類的平均壽命也只多了十至十五年。比較大的差異是因為人類出生前十年的存活率提高，因此平均壽命有了顯著提升。這裡的重點在於，幾十萬年來，女性一直可以活到停經期來臨的年紀，停經期不是近代才出現的事情，所以我們可以摒棄前面提到的民間說法。

　　不久之前，人們認為女性進入停經期僅僅是因為卵巢裡的濾泡用完了。女性出生時，體內的濾泡數量就固定了，每個卵巢約有二十萬顆濾泡。每一個濾泡內含有一顆卵子，不過在女性還是胚胎的階段，這些卵子會暫停成熟的過程。

　　進入性成熟期後，每個月有十到五十個隨機選擇的濾泡會重新活化卵子的成熟過程。這就像一場比賽，最先達到成熟階段的濾泡和卵子可以「贏得」被卵巢排出的機會。其餘的濾泡和卵子則全數死亡，根據推測，女性的身體不會重新補充這些損失。

　　過去我們一直相信，女性停經是因為體內的濾泡已經「用完了」。這個解釋仍有令人不滿意的地方，原因起碼有兩個：第一，就以最高數量來計算，即便女性每個月都有五十個濾泡進入活化階

段，而且女性從未因為月經週期不規律或懷孕而錯失任何一次月經週期，到了六十歲，用掉的濾泡數量也不到三萬個，這還不到原始濾泡數量的六分之一；第二，荷爾蒙避孕藥會干擾排卵和每月的濾泡活化過程，因此每年固定服用這種藥物的女性，停經期應該會延後許多。然而，使用這類避孕藥物長達數十年的女性，停經期就算有延遲，也不過慢了一些而已。

濾泡不死，只是退休

如果停經期來臨不是因為女性體內的濾泡用完了，那是為什麼？是因為濾泡不再分泌雌激素（estrogen）和黃體酮（progesterone）。

女性體內仍有許多濾泡，但這些濾泡漸漸不再發揮功用。濾泡不再製造荷爾蒙，也不再進入成熟階段。女性進入停經期後所產生的徵狀，是因為荷爾蒙含量下降所致，荷爾蒙補充藥物可以改善這些問題，但無法改變停經的事實。女性到了四十歲尾聲，五十歲初期的時候，卵巢不再對荷爾蒙刺激做出回應，也不再分泌任何荷爾蒙，基本上就是放棄任何作為的意思。

看來，停經的確切機制是因為每個濾泡內卵子周圍的細胞，隨著時間和女性的年齡，逐漸減少DNA修復酵素的基因表現量。少了修復酵素的作用，DNA的傷害和突變逐漸累積，加速細胞衰老的過程，最後，細胞進入所謂老化期。這些細胞並沒有死去，但不再像正常的濾泡細胞一樣分裂、更新。卵巢也陷入好似昏迷的狀態：活著，但不再運作。

這聽起來就跟一般無可避免的老化過程差不多，就像皮膚失去彈性或骨頭變脆一樣，是吧？事實並非如此。和年齡相關的老化過

程是因為蛋白質和DNA受到的損傷逐漸累積，儘管組織仍竭盡所能想辦法修復損傷，依舊無力回天。最後，時間取得勝利，修復機制終會受損，老化的死亡螺旋出現。然而，對卵巢內的濾泡而言，和DNA修復酵素相關的基因就像直接關閉一樣，濾泡的老化並非緩慢累積的過程，而是時間一到就驟然發生。

這讓人不禁思考停經期的演化目的究竟是什麼？我們很容易以為這是因為接近老年時，體內DNA的修復機制發生突變，導致功能停擺。不過，為什麼這些突變受到天擇青睞，沒有被消除呢？

關於停經期，最有趣的解釋是這樣的：停經讓年老的女性可以重新分配生活重心，照顧孫子，使他們有更好的生存機會，因此，這個說法被稱為「祖母假說」。祖母假說廣受歡迎，我懷疑這是因為它和祖父母寵溺孫子的文化觀念有關。祖母假說的論證過程實際上很複雜，畢竟討論任何現象的演化價值，都必須考量利弊得失。

如果年老的動物自身不再繁殖，轉而幫助子代照顧下一代，孫代似乎可以從中獲益，提高生存機率。因此，照顧孫代顯然提供了物種的演化優勢。

然而，進入停經期的年老祖母不再生殖，等於減少了一生能夠生下的子代數量。相比之下，年老的祖母如果可以繼續生殖，就能生下更多子代，而她的子代也能生下更多子代，這些孫代雖然沒有祖母照顧，卻有數量上的優勢。如果這些後代跟人類一樣，有強烈的親族合作行為，那麼就算是沒有了勞心勞力的祖母，或許也不會怎樣。

問題來了，祖母照顧孫代帶來的物種演化優勢，是否值得用降低生殖率來交換？這個棘手的問題讓一些生物學家不再支持祖母假說。而且，有一項顯而易見的有力證據可以反駁祖母假說：其他

物種不像人類到了一定年齡就會停經。如果祖母帶來的演化優勢如此巨大，許多社會性動物應該都會有停經現象，而不是獨獨人類如此，但事實擺在眼前，就是只有人類會停經。

祖母假說的解釋

為何祖母假說幾乎只適用於人類？有一個解釋是這樣的：從古至今，人類的社會結構都很獨特。各項研究顯示，過去七百萬年來，我們的祖先以小團體的方式群居，成員間親緣關係緊密，群體的機動性高，社交關係錯綜複雜。這麼長的一段時間，人類或許換過許多不同的生活型態，這一點從不同原始人身上交雜著各種有趣的生理結構特徵就能證明。這些特徵沒有一樣專屬於智人，不過有一點例外：精密的分工制度。

當我們祖先愈來愈聰明，社交技巧愈來愈老練，他們讓原本就很複雜的靈長類生活型態變得更複雜。打造工具、組織團體狩獵和共同育幼等行為提高了人類的生存效率，也空出某些人力進行探索和創新。

沒多久，早期人類開始搭建庇護樓所，打造複雜的工具，利用周遭出現的動植物，藉此重新塑造他們的世界。團體內的成員彼此傳授技巧，分工合作，這種共同居住的生活模式可能為祖母效應提供了適當的演化環境。

在高度社會化的團體裡，要做的工作很多，因此成員以不同方式盡一己之力；有些人去狩獵、有些人去採集、有些人忙著建造、有些人負責注意捕食者和敵人的動靜、有些人製作工具、有些人照顧孩子……合作使群體變得更有競爭力，可以和其他群體抗衡。

不過，在群體內部依然有競爭存在。最後，個體的成敗彰顯了天擇作用。

既然已經知道群體內部也有競爭存在，再請各位想像：在一個擁有各年齡孩童的小群體，人類孩童的死亡率極高，而且孩童之間彼此要競爭食物，爭取父母的關心和保護。對年輕女性而言，最合宜的演化策略應該是盡量能生就生，讓自己的孩子和別人的孩子競爭資源。共同育幼意味著照顧孩童的責任由群體內所有成員共同分擔，既然有人幫忙照顧孩子，年輕女性當然想要多生點孩子。

隨著年紀漸增，這名女性的孩子數量愈來愈多，策略必須有所改變。畢竟到頭來，孩子之間也會互相競爭；一個孩子能夠生存，可能代價是犧牲自己另一個孩子的生存，反而不是犧牲別人的孩子，這樣等於白忙一場。

持續生孩子對她的生殖潛力而言並沒有太大幫助，甚至其實會傷害她的生殖潛力，因為分娩對人類女性來說非常危險。在這種狀況下，她必須轉換目標，以好好照顧現有的孩子來取代繼續生孩子，或許才是善用自身能量和資源的最佳方式。當然，到了這個時候，她的孩子大部分也已經有了下一代。

這就是祖母假說。這個假說似乎有點過於簡潔有力，不過確實符合人類共同的文化經驗和人類社會獨有的某些現象：分工縝密的群體生活、嬰兒及孕產婦死亡率極高、長壽。這些生物因素加總起來，很可能導致人體產生自發性突變，造成女性停經。

老母的庇蔭

現在讓我們回到鯨魚身上。研究人員分析了三十五年的資料，

包括數千個小時的影片檔案，詳細觀察英屬哥倫比亞外海虎鯨的遷徙和活動，發現虎鯨會組成小型的覓食團隊，帶隊的通常是已經停經的年長母鯨。事實上，虎鯨覓食團隊通常是由年長母鯨加上牠的兒子們所組成。成年的公虎鯨大部分時間都跟著母親打獵覓食，而不是跟著其他鯨魚，也不是跟著自己的父親。

食物稀少的時候，虎鯨覓食團隊由停經母鯨帶頭的態勢更加明顯。當生存環境變得嚴苛時，虎鯨會找上團體中的雌性首領（通常就是牠們的母親）尋求協助，期待老母鯨能夠帶領大家走出這段黑暗時期。

年老的虎鯨累積了數十年打獵、覓食經驗；而且鯨魚的記憶力驚人，停經母鯨累積了一身的生態知識，知道哪裡可以找到海豹和水獺，也知道鮭魚產卵季何時開始……在食物稀少的時候，這些知識顯得尤其重要。至於為什麼年長的公虎鯨沒有這種分享知識的行為，我們目前仍不清楚，但可以確定的是：母虎鯨很樂意這麼做。

除了停經期，人類生殖系統的怪奇之處似乎不具任何演化適應的意義；這些狀況在其他動物身上也未曾發現。從姍姍來遲的性成熟期到女性進入停經期，人類的生殖系統不斷出錯，甚至帶來致命的危險。這些顯而易見的生殖缺陷通常會形成物種存續的障礙，如果這些該改進的缺點沒有發生演化，物種必然滅絕。

然而，儘管身懷這些缺陷，人類依然活了下來。如同面對其他演化缺陷一般，我們善用了項上這顆大腦袋來解決問題，以智取勝，度過演化難關。與其坐等大自然出手相救，不如自己決定自己的演化命運。

人類的創想能力和團結合作的社會生活型態，幫助我們撐過了演化之初的那段歲月。接下來，語言的出現讓先人智慧得以在世代

間流傳，把絕頂聰明的生存密技傳授給後代。在我們之中，誰的角色有如社交知識的寶庫？就是我們稱之為祖母的年長女性。

人類馴化了動物和植物，發明了工程學，建造城市。這些創新發想帶來的優勢，抵消了生殖率低下、孩童及孕產婦死亡率高的狀況。最後，隨著科學的進步，人類的集體知識呈現指數增長，讓大多數人免於面對生殖系統長久以來造成的致命困境。

最後，智慧帶領我們克服人體的限制。許多經常奪走人類祖先性命的猛獸，都已經受到現代醫學馴服。到了十九世紀中，醫療照護的品質有了長足進步，人類族群也開始呈現爆炸性的增長。阻礙人類存續的兇手也隨著人口爆炸的腳步而來：資源缺乏、戰爭不斷，環境也衰退至人類史上前所未見的程度。

如今，我們面臨的問題正好和先人相反：人口太多才是問題，而非人口太少。無法控制、無法維持的人口成長，簡直是「糟糕設計」的經典代表作。所以，或許人類遭受種種生殖限制，其實也不是件壞事？

第五章

體內的豬隊友

為什麼人類的免疫系統經常攻擊自己的身體？

人體發育過程出現的差錯，如何引起循環系統的混亂？

為什麼我們無法避免癌症發生？

　　人類的身體，簡直可以用百病叢生來形容。第一章就提過人類感冒鼻塞的頻率比其他哺乳類動物高得多，這全是因為人類鼻竇腔排放黏液的管道設計很「特別」。不過，這只是冰山一角。人體還受不少疾病所苦，許多是人類獨有的疾病，而且多數疾病的肇因不像鼻竇腔管道設計不良那樣直接明瞭。

　　好比人類經常得到腸胃炎，這種帶來極度不適的毛病又被稱為腸胃型感冒。腸胃炎是一種涵蓋性的說法，泛指消化道遭受感染或產生發炎，進而導致噁心、嘔吐、腹瀉、缺乏體力及食欲、無法消化食物，甚至無法進食的狀況。

　　感冒和腸胃炎，是西方已開發國家中最常見的兩種人類疾病。雖然它們很少帶來致命危機，卻因為頻繁發生而造成每年數十億美元的代價，主要來自復原期間的薪資損失。

　　不幸的是，還有些疾病造成的金錢損失更大，好比腹瀉病——這類腸胃炎影響腸道，在開發中國家，常因為飲用水汙染所引起——依然是全球人類的頭號殺手之一。

　　感冒、腸胃型感冒、腹瀉在其他動物身上都很少見。雖然，人類容易感冒一部分可以怪罪演化作用，因為我們的鼻腔管道設計太糟糕；但感冒依然是一種感染病毒的過程，就和經常對我們發動猛攻的腸胃病毒一樣。

生活型態導致傳染病

　　說到傳染病，人類得先怪罪自己，再來怪罪大自然。傳染病肆虐，一部分是因為人類族群密度太高，以及都市化環境中某些特殊的居住狀況所導致。

　　從古典時代開始，人類一起住在繁榮發展但環境骯髒的大都市裡，人類飼養的家畜也是如此（其實目前仍是這樣），家畜的居住環境甚至跟人密不可分。人類祖先的飲食型態則是生食熟食混合。這樣的環境下，細菌、病毒和各種寄生蟲滋生，人類忍受這種衛生欠佳的環境長達好幾個世紀。

　　幸好，進入現代社會之後，有了下水道的出現，我們已經能夠控制這種髒亂的情形。然而仔細想想，人類的生活方式招來了這些可怕疾病，人類文明竟然還能發展起來，實在不可思議！

　　人類祖先只要能活過孩童時期，體內就會發展出抗體。抗體是一種由免疫系統產生的蛋白質，可以幫助身體抵抗有致命危險的細菌或病毒。抗體使我們的祖先免受當時環境中最危險的疾病折磨。

　　歐洲人開啟探險時代之後，舉凡和歐洲人有接觸的美洲原住民，下場都不太好。美洲原住民身上雖然有因應當地環境致病因子存在所產生的抗體，但是，他們身上並沒有歐洲人為了存活而發展出來的抗體。面對隨著入侵者一起到來的病原菌，美洲原住民毫無招架之力。

　　對今日的人類而言，傳染病之所以成為人類生活的一部分，得怪罪歐洲和亞洲地區發展出來的都會生活型態。因此，人類遭到傳染病攻擊，不能賴帳給人體設計不良，如我之前所說的，這是我們自己的問題，不能怪罪大自然。

　　不過，人體也確實有設計上的缺陷導致我們生病。我們的免疫系統似乎總是找錯開火對象。人類的免疫系統要不是受到自體免疫疾病的影響，誤把人體自身的細胞和組織當成攻擊對象；要不就是對於無害的蛋白質做出過度反應。當人類步入中年全盛時期，心血管系統卻開始變得虛弱，而且只會愈來愈弱。不久之後，細胞內不

斷累積的傷害終於招來癌症。

雖然這些都不是人類獨有的狀況，但和其他動物比起來，人類的症狀更明顯，承受的致命風險也更高。面對這些疾病，人類受折磨的程度遠超過自己的寵物、動物園的動物，更別提野生動物了。原因？聽起來似乎不太合邏輯：我們天生就容易生病。

敵人就是自己

人類演化過程中遭遇的各種疾病，就屬自體免疫疾病最令人挫折。自體免疫疾病和細菌無關，無法用抗生素對付；也不是病毒引起，所以抗體也沒用；又不是腫瘤，因此切除、投藥或是放射治療的方式全派不上用場。追本溯源，問題只剩下我們自己。

自體免疫疾病的癥結在於免疫系統「錯認身分」。病人的免疫系統「忘了」（或者從沒搞清楚），病人體內某些蛋白質或細胞並不是外來的入侵者。認不得自己人的免疫系統發動猛攻，雖然出自一番好意，卻帶來悽慘的下場。

可以想見，這件事情難以善終。當身體開始自我攻擊，醫生除了讓病人吃抑制免疫系統的藥，也沒有別的方法。然而這麼做非常危險，必須謹慎處理，密切注意病人的狀況。此外，還有各種併發症的問題，除了容易遭受傳染病攻擊，病人罹患呼吸系統疾病的機率也會增加，抑制免疫系統的藥物會帶來副作用，如痤瘡、震顫、肌肉無力、噁心和嘔吐、毛髮生長速度增加，以及體重減輕。

長期使用免疫抑制劑（immunosuppressant）會導致脂肪沉積在病人臉部（有時又稱為「月亮臉」）、腎臟功能失常以及高血糖，病人罹患糖尿病和癌症的機率因而增加。總而言之，自體免疫疾病的

治療方式，對病人造成的傷害並不亞於疾病本身。

幾乎所有自體免疫疾病，主要都發生在女性身上，沒有人知道為什麼。而且，更殘忍的是，自體免疫疾病的病程發展通常很緩慢，病徵非常細微，導致病人逐漸習慣疼痛感和生活遭受的各種限制，甚至不認為身體有問題，尤其連醫生也不認為病人有大礙的時候，情況就變得更複雜了。

我的朋友同時患有慢性疲勞症候群（chronic fatigue syndrome）和風濕性關節炎（rheumatoid arthritis），這兩種疾病可能都跟自體免疫系統失常有關係，醫療專業人員經常告訴他：「沒有人一起床就覺得世界很美好」、「我覺得你應該走出戶外，多做點運動」。對了，還有最有用的一句話：「這可能只是你的情緒作祟，但無論如何，躺著都無濟於事。」

不難想像，抑鬱經常伴隨自體免疫疾病而來。當你的症狀愈來愈明顯，可以選擇的治療方式卻很有限，既要承受治療帶來的副作用，像是長痤瘡、體重減輕，又要面對終生被慢性疾病糾纏的心理陰影，想要不抑鬱都難，尤其周遭家人朋友都不能理解你的時候，抑鬱的程度會更加惡化。

缺乏支持加上抑鬱症作祟，常導致病人對社交活動有所退縮，再次打擊病人的身心健康，陷入每況愈下的困境。就如我那位朋友所說：「我覺得自己就像溺水的人，當我發出求救訊號，人們只是塞了個秤陀給我，要我更努力游。」

自體免疫疾病令科學家困惑的程度，就跟它令人心碎的程度一樣。症狀可能是局部性的，像是類風溼性關節炎造成某些關節疼痛、發炎；也有可能是系統性的，像是狼瘡（lupus）引發B細胞攻擊身體其他細胞。這兩種疾病都是免疫系統毫無來由攻擊身體其

部位所引起的。這些疾病並非是不幸的演化取捨，也沒有為人類帶來任何益處。總之，免疫系統有時候就是無法正常運作。

罹患自體免疫疾病的人似乎愈來愈多，不過，和其他慢性疾病一樣，醫學進步帶來更詳細的診斷再加上人類壽命延長，這兩件事對確診病例增加有多大影響？目前仍不清楚。

常見的自體免疫疾病有二十四種，據美國衛生研究院（National Institutes of Health estimate）估計，美國有超過7％的人口，也就是近兩千三百五十萬人，是自體免疫疾病的患者。這個數值肯定低估了，畢竟除去那些已被確認為自體免疫疾病的疾病之外，還有許多疾病等待官方的科學認證。

導致癱瘓的重症肌無力症

自體免疫疾病最奇怪的地方，恰好是照亮人類這項演化缺陷最亮的一盞燈。讓我們先從重症肌無力症（myasthenia gravis）說起，這種與神經肌肉有關的疾病，一開始會造成患者眼瞼下垂、肌肉無力，慢慢進展成全身癱瘓，如不接受治療，患者終會走向死亡。

然而，重症肌無力症患者的肌肉根本沒有問題。癥結在於他們的免疫系統開始製造會干擾正常肌肉活動的抗體。肌肉要能伸縮，必須由運動神經元釋放神經傳遞物質，好讓位於肌肉組織的受器接收。神經傳遞物質可以引發肌肉收縮，整個過程發生的時間非常短；但如果你的免疫系統，像重症肌無力症患者的免疫系統一樣，會干擾接收神經傳遞物質的受器，肌肉就會變得愈來愈無力。

重症肌無力症患者的免疫系統會製造一種抗體，這種抗體會攻擊位於肌肉的神經傳遞物質受器。為什麼？答案沒有人知道。

幸好，這場攻擊沒有引發身體產生大型的系統性反應，否則患者很快就會沒命。這種抗體的作用方式只是擋住神經傳遞物質受器，使受器無法接收神經傳遞物質。隨著病程發展，免疫系統製造的抗體愈來愈多，病人的肌肉也逐漸失去伸縮的能力。

不久之前，重症肌無力症患者在十年之內，終會因為無力擴張胸腔完成呼吸運動而死。幸好，現代醫學如何成功的故事中，重症肌無力症也是其中一個範例。

二十世紀初，重症肌無力症患者的死亡率將近七成；如今，在西方已開發國家，重症肌無力症的死亡率遠低於5％。過去六十年來，醫學界已然發展出一系列的療法，如今只要使用免疫抑制劑搭配特殊藥物，就能成功抵擋這種抗體的效用。

然而，治療過程並不輕鬆。除了會引發副作用外，患者必須在精準的時間間隔之內服用免疫抑制劑，代表他們通常得在大半夜起床吞藥丸。許多患者餘生的每一晚都必須這麼做，倘若因為不舒服、多喝了一點酒或是純粹太累而睡過頭，隔天病狀就會加劇。即便是最小心謹慎的病人，偶爾也會面對這樣的危機，而且通常需要住院治療。

美國約有六萬名重症肌無力症患者，為著某種原因，歐洲的患者數量稍高於美國。重症肌無力症和其他自體免疫疾病一樣，真正的病因使人摸不著頭緒。總之，免疫系統就是出了毛病，而且這種抗體的製程一旦開啟就停不下來。雖然目前已知有一種肌無力症和遺傳有關，不過這種關聯相當罕見。除了坦承人體設計本身的缺陷，在多數患者身上，實在找不到其他解釋方式。幸好，現代科學拯救了多數患者的性命；對於在我們之前那千萬世代的人類，重症肌無力症絕對是不治之症。

魔鬼附身？

和重症肌無力症一樣，葛瑞夫茲氏症（Graves' disease，也稱突眼性甲狀腺腫）病人的免疫系統會發展出一種抗體，專門對付人體內一種數量豐富的重要分子。

葛瑞夫茲氏症的患者會沒來由製造作用於甲狀腺促進激素（thyroid-stimulating hormone）受器的抗體。顧名思義，甲狀腺促進激素可以誘發甲狀腺分泌甲狀腺激素（thyroid hormone）。這些激素在身體各處游移，發揮重要功效，主要和能量代謝有關。人體內幾乎所有組織都有甲狀腺激素受器，因此這些激素在人體不同部位有不同功效。

由葛瑞夫茲氏症患者免疫系統產生，作用於甲狀腺促進激素受器的抗體，說來有點特別。這種抗體並不會占據受器，阻斷受器的功能，而是藉著模擬甲狀腺促進激素的結構來刺激這些受器，導致甲狀腺不斷釋放甲狀腺促進激素。

一般而言，身體會嚴密監控甲狀腺釋放多少甲狀腺素，不過在葛瑞夫茲氏症患者體內，甲狀腺持續受到結構有如甲狀腺促進激素的抗體刺激，因此甲狀腺素的分泌量節節高升，也就是所謂的「甲狀腺機能亢進症」（hyperthyroidism）。

葛瑞夫茲氏症是甲狀腺機能亢進症最常見的肇因。症狀包括心跳快、血壓高、肌肉無力、震顫、心悸、腹瀉、嘔吐和體重減輕。

許多病人會有明顯的甲狀腺腫（goiter），眼睛含水量特別多，眼球往外突出。患有甲狀腺機能亢進症的女性有較高的機率產下先天性缺陷的孩子。病人可能還會產生精神症狀，如失眠、焦慮、狂躁和妄想，嚴重時會誘發精神病。甲狀腺機能亢進症常見於超過

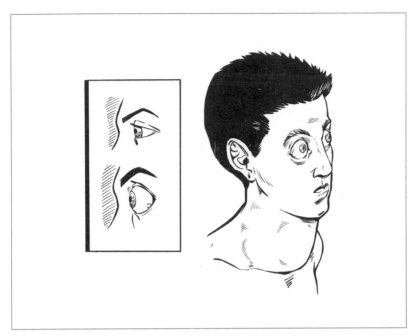

雙眼外突、甲狀腺腫，是葛瑞夫茲氏症這種謎樣般的自體免疫疾病最顯著的特徵。在現代醫學能夠判斷這些症狀之前，許多患者被人認為遭到魔鬼附身，最終步入療養院。

四十歲的患者，在美國男女患者的比例約為0.5％和3％。

　　直到1835年，醫學界才描述了這種疾病的相關病症，在此之前，葛瑞夫茲氏症患者常逃不過死亡的命運。患者有精神上的狀況，又有突出的雙眼和甲狀腺腫，不難想像極度迷信的先人們，會懷疑這是被魔鬼附身。

　　的確，翻開和中世紀歐洲療養院有關的歷史，都能找到許多精神病患眼突脖子腫的故事，其中不少人應該是罹患了葛瑞夫茲氏

症。這些罹病前本來很健康，生育也沒有問題的病人，最後被家人朋友送進療養院，在憤怒中走完餘生。

幸運的是，現代醫學已經找到治療葛瑞夫茲氏症的有效方法，而且通常不需要使用免疫抑制劑。有幾種藥物可以抑制甲狀腺分泌激素，另外也有藥物可以中和大部分有威脅性的症狀，如乙種腎上腺阻斷劑（beta blocker）可以減緩心跳速率、降低血壓。

這些治療方式並不會帶來惱人副作用，此外，放射性碘（radioactive iodine）可以破壞部分甲狀腺，需要時，可以重複使用這個療法。病人一定需要補充甲狀腺素，一天服用一次藥丸就能輕易達到效果。因此，葛瑞夫茲氏症又是一個科學戰勝人體缺陷的例子，雖然過去無數世代的人類，面對這個疾病時並無法如此樂觀。

糟透了的狼瘡

面對某些自體免疫疾病，如葛瑞夫茲氏症和重症肌無力症，現代醫學獲得勝利。然而，面對同屬自體免疫疾病，卻如謎一般神祕的狼瘡，醫界仍然束手無策。狼瘡全名為全身性紅斑狼瘡（systemic lupus erythematosus），幾乎可以侵犯人體各種組織，廣泛引發各式各樣的症狀，如肌肉關節疼痛、起紅疹和慢性疲勞。

事實上，許多科學家認為狼瘡是相關疾病的集合，而非單一疾病。狼瘡患者的統計數字並沒有一個準確的數值，但在美國，至少有三十萬名至一百萬名患者。前面提過自體免疫疾病好發於女性，狼瘡也不例外，女性罹病機率是男性的四倍。

對於引發狼瘡的真正病因，醫學界所知甚少。不過目前認為一開始的發病肇因來自病毒感染。至於患者究竟是感染了哪一種病

毒？為什麼會對免疫系統造成永久性的傷害？這就沒人說得準了。

我們只知道患者發病後，免疫系統中的B細胞，也就是製造抗體的工廠，會開始製造攻擊自體細胞的抗體，目標鎖定細胞核中的蛋白質。簡單說，病人的免疫系統掀起了一場內戰。

B細胞開始互相攻擊的時候，會經歷一種稱為「細胞凋亡」（apoptosis）或「計畫性細胞死亡」（programmed cell death）的反應過程。細胞凋亡可看作是一種受控制的細胞自殺過程，細胞必須緩慢謹慎地自我分解，以免引發周遭細胞的恐慌，並將可回收利用的物質整齊打包好，讓鄰近的細胞吸收。

對於胚胎發育、癌症抵禦、維護組織健康而言，細胞凋亡扮演重要角色，同時也是身體保護其他細胞免受病毒侵害的關鍵方式。當細胞發現自己遭受感染，會藉由細胞凋亡的方式自殺，希望可以跟病毒同歸於盡，保護身體其他部分。大部分時候，細胞凋亡可謂生命最詩意的典範：犧牲小我，拯救大我。

但是對於狼瘡患者而言，細胞凋亡就沒有如此詩意可言了。當大量B細胞開始互相攻擊，人體來不及有效、安全清理戰場，細胞殘骸開始堆積。更糟糕的是，這種進入活化狀態的B細胞是有「黏性」的，因為B細胞表面有一些專為尋找、沾附受感染細胞而設計的受器。

眾多垂死的B細胞和細胞碎片會形成團塊，吸引其他類型的免疫細胞來到現場，試圖吞噬、清理這些細胞殘骸。這些打算幫忙的免疫細胞，有時也會陷入混仗之中，在人體各處引發一系列連鎖發炎反應，主要集中在淋巴結和其他淋巴組織，如脾臟。

以上是臨床版的真實情況，其實也可以用簡單一點的方式來描述：狼瘡患者無時無刻都覺得糟透了。

症狀多如千面女郎

　　免疫細胞有可能在身體各處逮到這些微小的細胞團塊，因此狼瘡患者必須忍受的症狀多得說不清，而且症狀還會隨著時間改變。

　　狼瘡的臨床症狀包括：疼痛，可能是特定的肌肉或關節疼痛，也有可能是範圍較廣泛的軀幹痛或頭痛；疲勞，可能是陣發性的或是慢性的疲勞；腫脹，可能僅限於四肢腫脹，也可能呈現全身性水腫；以及發燒、皮膚紅疹、口腔潰瘍和抑鬱。

　　多數症狀是因為具有黏性的細胞殘骸團塊出現在身體某處，如腎臟精微的過濾系統、肺部負責氣體交換的氣囊，甚至是心臟外圍的纖維囊狀組織心包膜（pericardium）。當這些細胞團塊沾附在組織上的時候，不僅僅造成特定組織無法發揮功能，而且還會活化發炎反應，導致發炎情形擴散至鄰近組織。總之，病人的免疫系統陷入一團混亂。

　　狼瘡在確診之前尤其令人挫折，因為病人的症狀會改變，醫生難以做出正確判斷。此外，病人也經常失去信心，認為自己沒有能力精準判斷、描述自己的遭遇的問題。狼瘡常遭到各種誤診，在本身有精神問題的病患身上尤其如此。「你之前說胸痛，現在又變成關節痛？又有別的症狀？你需要的可能是精神科醫生」。

　　的確，相較於其他自體免疫疾病，狼瘡通常伴隨一系列精神症狀，如焦躁、失眠和情緒障礙。這些精神問題主要源自於狼瘡導致的頭痛、疲勞、慢性疼痛、混淆、認知損傷，狼瘡甚至可能引發精神病。一項研究發現，六成患有狼瘡的女性伴隨抑鬱的臨床症狀。這些都是狼瘡病人要面對的挑戰，但真正讓我吃驚的是，他們要面對的還不只這些！

　　狼瘡的療法，就跟它造成的症狀一樣廣泛。幾乎所有的狼瘡病人都必須服用免疫抑制劑，再依據不同病人的個別症狀，搭配其他相應的藥物。狼瘡病人可能要經過長達數年的藥物實驗，才能找到療效最好的藥物組合，然而這樣的藥物組合也可能在一瞬間就失去效用。

　　令人欣慰的是，隨著時間推進，狼瘡病人的預後已有穩定的改善。人類對抗狼瘡由來已久，打從十二世紀起，狼瘡一詞就已經出現，然而相關的症狀描述則可回溯至古典時代。1850年代起，狼瘡被歸類為自體免疫疾病，但實驗室的試驗結果卻讓科學家困惑了一百年之久。如今，狼瘡病人的預期壽命已經接近一般人，但他們並非不用付出代價。狼瘡症狀不會有消失的一天，嚴重發作時可能導致病人臥床長達好幾週。

　　除了歸咎人體設計的缺陷，實在不知道還能如何看待狼瘡。人類的免疫系統有制衡機制，一方面確保人體遭遇外來細胞、蛋白質入侵時發動猛烈反擊；另一方面則是不去攻擊自身的細胞和蛋白質。遭受病毒感染期間，免疫系統可能會暫時放寬某些限制，好讓人體可以積極對抗攻擊細胞的病毒。然而狼瘡病人的免疫系統無法從這種狀態中回復，彷彿一輩子都得對抗看不見的幽靈病毒。正常的狀態下，免疫系統內建的反應機制是人體的好幫手，狼瘡病人問題出在免疫系統的開關壞了。所有的自體免疫疾病都不好應付，狼瘡尤其難搞，當免疫系統挑起內戰，結果必然是雙輸。

圈養的貓狗患病機率較高

　　人體有眾多自體免疫疾病，先前提到的重症肌無力症、葛瑞夫

茲氏症和狼瘡只不過是其中三種。美國國家衛生研究院只對二十四種常見的自體免疫疾病進行追蹤，例如類風溼性關節炎、炎症性腸病（inflammatory bowel disease）、重症肌無力症、狼瘡、葛瑞夫茲氏症等等。

根據美國自體免疫相關疾病協會（American Autoimmune-Related Diseases Association）估計，人類自體免疫疾病的種類超過一百種，影響了多達五千萬名美國人，相當於美國六分之一的人口。其他已經過確認，或強烈建議列為自體免疫疾病的還包括：多發性硬化症（multiple sclerosis）、乾癬（psoriasis）、白斑病（vitiligo）和乳糜瀉（celiac disease）。

目前被懷疑有可能是自體免疫疾病的則有：第一型糖尿病（type 1 diabetes）的某些病例、艾迪森氏病（Addison's disease）、子宮內膜異位（endometriosis）、克隆氏病（Crohn's disease）、類肉瘤病（sarcoidosis）等許多疾病。人體免疫系統能出錯的方式多得不勝枚舉，而且都會導致人體病得非常嚴重。

認真而論，人類確實和其他物種共享了幾種自體免疫疾病。目前已經知道狗也會得到艾迪森氏病和重症肌無力症；狗和貓都會得到糖尿病。說來有趣，相較於野生動物，被人類馴養的動物罹患自體免疫疾病的情況比較普遍，目前我們還不知道原因，也不知道為什麼人類的近親猿類，就不用背負自體免疫疾病造成的重擔。

目前為止，狼瘡的症狀僅僅發生在人類身上，甚至在經人類馴養的動物身上，也看不見任何狼瘡的跡象，克隆氏病和其他疾病也是如此。生物醫學研究已經能針對某些自體免疫疾病創建動物模型，但在其他動物身上，這些疾病並不普遍。總之，面對自體免疫疾病，人類比野生動物脆弱得多，原因無人知曉。

　　各位可別誤會我的意思。人類的免疫系統非常優良，有各種互相支援的防禦細胞、分子和維持人體健康的種種策略。少了免疫系統，我們將立刻成為細菌和病毒的俘虜。如果說這也是一種人類的設計不良，實在有辱每天替我們打贏數十億場戰爭的免疫系統。

　　然而，若說人類的免疫系統完美無瑕，倒也不是那麼回事。地球上有數百萬人曾經開開心心活著，卻因為身體自搞破壞而面臨死亡威脅。人體內一旦發生內戰，沒有誰是贏家。

被害妄想的免疫系統

　　現代社會中，似乎每個人都對某些東西過敏。套句對花生嚴重過敏的人會說的話：每種過敏都不一樣。有些過敏症沒有大礙，只會引發有如感冒般的溫和症狀，某些食物過敏症會導致患者舌頭發癢；而有些過敏症會帶來致命風險。2015 年，美國至少有兩百人死於食物過敏，其中超過半數案例的死因是花生，更有幾萬人因此入院接受治療。

　　雖然過敏症不像自體免疫疾病那樣令人困擾，但兩者有個共通點：免疫系統出了差錯。只不過，自體免疫疾病是因為免疫系統對自體產生過度反應，而過敏症則是因為免疫系統對完全無害的外來物質產生過度反應。

　　任何能夠觸發免疫反應的分子就稱為「抗原」（antigen），抗原通常是蛋白質。環境中到處都是抗原，我們吃的、摸的、吸入體內的東西，都含有潛在的抗原，不過我們遭遇的外來物質，幾乎都是無害的。

　　如果人體無法分辨接觸到的蛋白質究竟有害或無害，那麼任何

東西都會成為過敏原。幸好,人體通常可以區別兩者的差異。遇上無害的外來蛋白質,免疫系統通常會加以忽略。然而,當有害的細菌或病毒出現,免疫系統會組織攻擊,消滅入侵者,這樣的攻擊模式就是「免疫反應」(immune system response)。

發炎是最常見的免疫反應,也是引發各種過敏症的關鍵機制。發炎反應可分為全身性跟局部性的,兩者之間存在一些共通點。打從古典時代開始,人類就知道發炎反應的四個典型徵兆,至今仍常以拉丁原文表示:紅(rubor)、熱(calor)、腫(tumor)、痛(dclor)。如果傷口感染發炎,很容易可以發現這四種徵兆。然而像感冒引起的全身性的免疫反應,你的臉可能會發紅、發熱,胸腔有積液(腫的一種),然後渾身都痛。

人體發生過敏反應時,會出現許多相同症狀,表示這些症狀不是外來物直接引起的,而是免疫系統正和入侵者奮戰的徵兆。發紅和腫脹是因為血管擴張,滲透性增加,才能加速運送免疫細胞和抗體到戰場的速度;發燒則是為了抑制細菌生長;為了刺激你照顧受感染傷口,身體用疼痛的方式來表達。至於全身性的感染,躺下多休息就對了,保存體力讓免疫系統好好打仗。發炎反應的各項症狀,象徵免疫系統正替你奮力對抗外來入侵者。

對抗感染,發炎反應對人類當然是有利的,然而過敏所引起的發炎反應對人體一點幫助也沒有。過敏性抗原,好比野葛(poison ivy)的油脂,對身體並不會造成任何威脅,因此發動免疫反應實在很蠢。然而,許多人的免疫系統就會這麼幹。

各位先想一想,過敏究竟有多荒謬?有些人只是遭到蜂螫,免疫系統就像發瘋似的,最後還因此喪命;真正的兇手不是蜂的螫針,而是人的免疫系統。就算被蜂螫到真的很危險(事實上並沒

有），為此自殺也實在太過頭了。超敏反應（hypersensitive allergy）導致某些人的免疫系統就像顆不定時炸彈，這些人一生要面臨的最大健康威脅，就在自己體內。

引發過敏反應最主要的元凶，是一種特殊的抗體，一般只用來對抗寄生蟲，因此是鮮少使用的抗體，至少在已開發國家是如此。這種抗體的主要功能是誘發發炎，並使發炎反應達到最大程度。

總之，在過敏反應發生的過程中，人體釋出了這種對抗寄生蟲的抗體，正因為如此，過敏引起的發炎比標準的發炎反應更嚴重。這種抗體除了引發發炎反應以外什麼也不會，讓我這樣形容吧：當你握著一把鐵鎚，任何東西看起來都像釘子。

過敏實在令人左右為難。畢竟，人體無時不刻接觸著外來物質：我們把各種動物植物吃進肚子裡；我們吸入花粉、微生物和各種空氣中的顆粒；我們的皮膚要和各種物質接觸，好比衣物、土壤、細菌、病毒和別人的身體。面對這些外來物質引發的體內戰爭，我們向來游刃有餘。不過，一個對花生嚴重過敏的人，要是嘗了花生醬，恐怕得想盡辦法保命。

免疫系統的新生訓練

為什麼人體有時可以分辨外來物質有害或無害，有時候又不能呢？我們仍然不知道答案，但有一點可以確定：人體需要練習才能學會正確分辨外來物質有害或無害，而且環境很重要。免疫系統的訓練，可以分為兩個階段，第一階段發生在子宮；第二階段發生在嬰兒期。

還在子宮時，胚胎的免疫細胞就已經開始發展。首先登場的

訓練模式是株系剔除（clonal deletion）。免疫細胞的發展過程中，會遭遇一些來自胎兒本身的蛋白質碎片，凡是對自體蛋白質發動攻擊反應的免疫細胞都會被消滅，這就是所謂的株系剔除：把這些發動錯攻的細胞踢出免疫系統。株系剔除要進行好幾週的時間，目的在於消滅任何有可能對自體物質產生反應的免疫細胞，結束這個過程後，免疫系統才能正式運作。

胎兒出生前，免疫系統還不必急著上工，子宮雖然稱不上完美的無菌空間，但其實也夠乾淨了。

在子宮這樣安全的環境裡，胎兒仍會試圖用一點自體抗原誘騙自己的免疫系統，凡是做出反應的免疫細胞只有死路一條。如此訓練下來，免疫系統只會攻擊外來細胞，在胎兒出生之前，免疫細胞受到活化，胎兒也準備面對充滿各種潛在危險的骯髒世界。胎兒出生後要面臨的挑戰更為險峻。一來到這個骯髒的世界，嬰兒的免疫系統便飽受各種前所未見的抗原持續轟炸，因此免疫系統必須趕快學會如何分辨敵友。

打從胎兒出生的第一天起，免疫系統就要面對各種根本還不知如何對付的感染性抗原，這些抗原有些沒什麼威力，有些非常凶狠。像是免疫系統必須知道面對金黃色葡萄球菌的某一種品系必須全力猛攻，但是當面對其他品系卻要選擇忽略，免疫系統怎麼分辨？沒有人知道答案。但有一件事是確定的：在人生早期，免疫系統的反應速度很慢，而且採取「靜觀其變」的策略。

許多科學家認為這是免疫系統第二階段訓練的重點——人體必須先放慢免疫系統的反應速度，靜觀是否會發生感染狀況，才能搞清楚哪些外來蛋白質是危險的，哪些是無害的。如果發生感染，那就來場大戰，至於沒有引發感染的外來物質，就省得在那

兒大驚小怪。

　　免疫系統擁有驚人的記憶力，有人為了預防某些如今非常少見的感染症而接種疫苗，過了幾十年後，免疫系統仍認得這些外來物質。總之，免疫系統必須學會分辨敵友，除了親身經歷，實在也沒有其他學習方式。

小孩為何常發燒？

　　免疫系統放慢反應速度的結果就是，真正危險的感染總是出現在嬰兒身上。舉凡當過父母的人都知道，小孩永遠都在生病。一部分是因為他們體內仍在建立對病毒的免疫性，好比那些會引發支氣管炎和感冒的病毒；另一部分是因為他們的免疫系統仍在學習遇到哪些外來物質時需要發動反應，又該如何發動怎樣的反應。

　　當免疫系統決定採取行動，場面通常就是轟轟烈烈，才能彌補錯失先機的缺憾。所以比起大人，小孩子更容易發燒。我兒子曾經發燒超過攝氏四十一度，那時他也不過就是喉嚨發炎而已，但是對緊張兮兮的新手爸爸而言，我還以為他得了鼠疫病。換成是我自己，要是發燒超過攝氏三十八度，我就覺得見不到明天的太陽了。

　　更重要的是，免疫系統要學會容忍生活在地球上總會遇到的日常考驗。空氣、食物和我們的皮膚上，有許多完全無害的外來分子，多數細菌和病毒也是無害的。免疫系統得習慣外來物質的持續性轟炸，學著不要做出反應。從嬰兒幾個月大時，免疫系統開始學習，持續幾年之後進入成熟階段，那時免疫系統應該已經見識過多數無害的外來物質。

　　結束嬰兒時期的學習階段後，免疫系統開始發生改變，一旦

接觸到新的外來物質就會變得更敏感，這就是所謂的過敏症了。免疫系統無法學會花生油對人體無害的事實就算了，甚至決定採取攻勢，攻勢猛烈的程度則和接觸量呈正比。換句話說，免疫系統學到了完全相反的一課。

過敏？怪自己吧！

從演化的角度來看，完全無法解釋人類以及所有動物都會過敏的事實。然而，面對自體免疫疾病和過敏症，人類承受的磨難程度是所有動物之最。

過去二十年來，食物過敏症和呼吸過敏症的病例數量急劇攀升，目前美國有超過一成的兒童至少對一種食物過敏。

1980年代初期，我念小學的時候，除了我念十一年級的姊姊之外，我不認識任何一個對花生過敏的小孩。現在，我兩個孩子不論念到幾年級，班上都有好幾個孩子對花生或其他堅果嚴重過敏，而且是會致命的那種程度。許多學校和托育中心必須選擇無堅果的餐點，否則得持續處理有孩子因為吃到堅果而過敏的狀況。

我們已經知道人體如何訓練免疫系統，也知道過敏症背後是因為免疫系統出了什麼差錯，然而過去二十年究竟發生了什麼事情，讓過敏人數直衝雲霄？

聽過「衛生假說」（hygiene hypothesis）嗎？答案很可能就是它。1970和1980年代，民眾開始大量減少孩子——尤其是嬰兒——和細菌接觸的機會。

如今，許多父母會替孩子的奶瓶消毒，並要求訪客抱孩子或摸到孩子之前得先洗手。這些人多數時間讓孩子待在室內，而且孩子

絕對不能赤腳接觸地面。他們的孩子要享受最乾淨的飲食，永遠要穿剛洗好的衣服。如果奶嘴掉到地上，他們會說：「別動！奶嘴要拿去消毒！」

這些都是出於善意的舉動，對於這些日常生活的要求，其實沒有什麼爭論的餘地。我也曾經很明確要求孩子絕不可以吃地上的任何東西，不要使用公共廁所，搭乘地鐵的時候也不要伸手摸任何東西。我堅持要求他們，因為我不希望他們生病。

此外，如果你感冒了，應該會知道你不可以去抱才兩週大的嬰兒。甚至，在某些人眼裡，如果你家有小孩，卻還造訪有新生兒的家庭，是一種無禮的舉動。哪怕小孩沒跟著出門，你身上或衣服上的細菌都有可能導致嬰兒生病。同樣的，這也是父母出自善意的保護舉動。

讓我們先把善意放到一旁，像這樣的保護舉動倘若過於誇張，很可能在無意間破壞了演化作用替我們打造的免疫系統。

事實證明，嬰兒父母種種消毒作為可能就是引發過敏症的原因。許多研究暗指嬰兒處於過度乾淨的環境，長大後可能會有食物過敏症。這就是所謂的衛生假說，聽起來挺合理，畢竟我們已經知道免疫系統需要練習才能順利運作。

因此，有許多疫苗並不會在新生兒一出生時就施打，原因不是疫苗會傷害嬰兒，而是這時候打根本無效，畢竟他們的免疫系統還沒準備好。然而，減少兒童和各種抗原接觸的機會，將會阻止免疫系統適應這些抗原。只有在見識過各種有害、無害的外來物質後，我們的免疫系統才有辦法學會分辨箇中差異。

如果衛生假說是正確的，那麼過敏這個相對較輕微的人體缺陷，在人類族群中如此普遍存在，你我都是推波助瀾的兇手。所

以，要怪就怪我們自己吧，怪不得大自然。

如果心臟短路……

在美國和歐洲，心血管疾病位居自然死亡的頭號死因。整體而言，在已發展的西方國家中，民眾死因約有三成是因為冠狀動脈疾病、中風和高血壓。這些死亡病例中，多數是因為心臟本身的毛病，不過，血管功能異常也是經常發生的問題。好比腎臟是大量血管聚集的地方，許多腎臟病其實是因為腎臟的循環出了問題。

有些心臟病和年齡或糟糕的生活方式有關。如果你活得夠久，或者生活方式不健康，那麼就很有可能遭遇心血管的問題。這完全不是人體的設計缺陷，只能怪自己。我知道這種話你可能已經聽過不少，甚至不想再聽，不過我還是要說：記得要多吃健康食物，而且要多運動喔！

不過，說到心臟，人類確實得面對一些設計上的缺點。光是在美國，每年約有兩萬五千名新生兒出生時心臟有破洞。臨床上稱之為「中隔缺陷」（septal defect），可能發生在兩心房之間，也可能發生在兩心室之間。

一旦如此，血液在心臟左右腔室之間來回晃蕩，這絕對不是正常狀況。心臟收縮時，血液會藉著中隔上的破洞從心臟左邊流至右邊；心臟休息時，血液又可能在無意間由心臟右邊流至左邊，導致靜脈血和動脈血產生不適當的混合情形。

正常而言，血液將氧氣輸送到身體各個組織之後，最後會進入心臟右側，再由心臟搏動將這些血液送至肺部進行氣體交換。接著，血液返回心臟左側，藉由心搏加壓後，將血液輸送到全身。

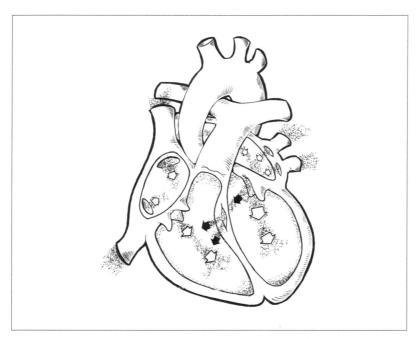

人類心臟中隔缺陷示意圖。心臟中隔如果出現孔洞，將導致血液從心臟左側流入右側。這是新生兒常見的先天缺陷，表示和主掌心臟發育的基因沒有發揮正常功能。

　　這種兩階段的過程非常重要，接受高壓壓迫，血液才能流至全身；然而血液必須在低壓狀態下循環，組織才有時間和血液進行氣體交換，這也是血液存在的真正目的。順序是這樣的：高壓壓送血液到肺部進行氣體交換，再次高壓壓送，將血液送到全身進行氣體交換。

　　然而，一旦中隔缺陷存在，這兩個步驟的血液會混在一起，相對於正常血流順序而言，這就像是短路的情形。中隔上如果只是個

小洞，一開始還不至於造成太大差異，但隨著時間和血流摩擦，孔洞有可能愈來愈大。

中隔上如果有大型孔洞，干擾血流順序，嚴重時對子宮內的胎兒或剛出生的新生兒而言都是致命威脅。中隔缺陷造成循環效率低下，心臟必須承受額外負擔，才能讓血液維持正常循環。

目前，患先天性中隔缺陷的兒童臨床結果還不錯。許多中隔缺陷非常小，不需要進入任何醫療干預，只要定期追蹤即可。較大型的中隔缺陷則必須接受手術修補，不過醫學界直到1940年代晚期才有能力進行這樣的手術。

心臟中隔位於腔室深處，要修補的話勢必要進行開心手術。開心手術的侵入性非常高，手術全程必需施行心肺分流，是風險極高的手術。儘管如此，透過現代醫療技術不斷改進手術過程，如今在已開發國家，患有先天性中隔缺損的兒童幾乎都能存活，過著正常生活。

然而，幾十年前的情況並非如此。嚴重的中隔缺陷曾是造成新生兒死亡的主因。新生兒的心臟中隔如果有個大洞，通常只能活上幾個小時。先是大口大口喘著氣，最後因為體內氧氣無法正常循環，逐漸窒息而死。

循環系統遇到亂流

當然，多數人的心臟隔膜上並沒有破洞。這種發展錯誤出現的頻率，代表和心臟發生學有關的基因出了點問題。雖然心臟中隔缺陷是偶發狀況，但肇因並不是偶發突變，而是胚胎的心臟發育出現偶發性的失敗。簡單說就是運氣不好。不過這種壞運氣似乎特別容

易降臨在某些人身上。

為了說明何以某些人特別容易碰上某種問題，且讓我用鞋帶來舉例。如果你把鞋帶綁好，然後走上一百步，你被鞋帶絆腳的機率很低，但它不會是零。如果你沒有綁鞋帶，但你的鞋帶特別短，那麼被鞋帶絆腳的機率仍然很低，就算你真的絆到了，次數大概也不會太多。但是，倘若你的鞋帶很長，那麼在你走完一百步前，幾乎可以確定會被絆倒很多次，但是也不是每一步都會發生。

以上這個例子可以知道，一個問題發生的機率高低受到許多因素影響。沒有一種狀況可以讓鞋帶絆腳完全不會發生；也沒有一種狀況可以保證你每走一步都會被鞋帶絆腳。這完全是機率問題。

基因對胚胎發育的影響，大概就跟鞋帶絆腳的情形差不多。新生兒有先天性心臟中隔缺陷的機率很低，然而光在美國，每年有兩千名新生兒一出生就遇到這種問題，就像是鞋帶沒綁一樣。這些新生兒心臟發育的過程中，有些基因的運作不太正常，套用前例，這就是鞋帶短雖短，但是完全沒綁的狀況。

聽起來很奇怪嗎？想像一下：有些新生兒一出生，血液循環的流向就是錯的。這是非常嚴重的問題，必須馬上處理。

循環系統是一個封閉的系統，原則上，血循過程中就算出了點小差錯，血液還是可以流向正確的地方，到肺部換取新鮮氧氣，運送至組織，再返回肺部換取更多氧氣，周而復始。

然而，如果順序倒了過來，血液就無法有效循環，畢竟為了因應不同系統的需求和壓力，血管和心肌各有對應的配置方式。心臟的右側只負責把血液壓送到肺部，肺部的血液再回到右心，因此右心的搏動強度不足以將血液運送到全身。此外，負責輸送血液到肺部的肺動脈，構造和負責輸送血液到全身的動脈截然不同。如果兩

者的角色反了過來，都無法展現正常的功能。

不過，在現代醫學壓倒性的勝利當中，患有這類問題——即所謂的大血管轉位（transposition of the great vessels）——的某些兒童已經可以獲得醫治。外科醫生必須切開某些血管，重新接上強度、厚度和彈性都相當的血管，好讓這些血管在血流方向正確時，可以承受對應的壓力。

手術時，嬰兒必須接受全程接受心肺分流，這對於剛出生幾小時，甚至幾天的嬰兒來說，是莫大的風險。如今，接受這種手術的孩子多數可以活下來，過著還算正常的生活。大自然搞出的亂子，現代科學已經有能力解決。

心臟中隔有破洞和血管轉位雖然都對生命有威脅，但是非常罕見。循環系統中還有其他同樣具有危險性，但情況較輕微，發生頻率也較普遍的畸形問題。

血管吻合（anastomosis）就是其中之一，這種奇怪的血管結構是由較大的動脈和靜脈彼此接連，形成血液循環中毫無作用的短路迴圈。如果長得夠大，這些毫無用處的血管會帶來致命威脅：它們毫無意義的接收大量血流，即便是受到輕微的傷害，都將快速導致大量出血。

雖然多數血管吻合的情況對人體並無大礙，但這種問題不會憑空消失。吻合的血管一旦積極生長，必須加以移除，以免帶來更多更嚴重的健康風險。

有些危險的血管吻合還會形成分支，最終形成交織纏繞的血管網絡，這種狀況偶有致命風險，且經常造成人體衰弱。如果置之不理，吻合的血管有可能隨著時間愈長愈大，形成一團充滿靜止血液的腫脹區塊。因此，在吻合的血管體積還小的時候，通常會以手術

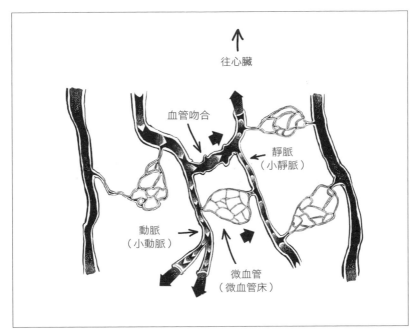

血管吻合示意圖。血管吻合導致動脈血液直接流往靜脈，而沒有通過微血管床（capillary bed），周圍組織因而無法獲得氧氣，導致吻合的血管進入不受控制的生長週期。

移除或照射放射線的方式加以破壞。然而，這些處理方式的風險也會隨著吻合血管的體積增加而升高，因為破裂的血管在凝血之前會噴出大量血液。

　　人體內一旦形成這樣的血管結構，通常會導致血管生長進入一種失控的週期。這些無意義血管周圍的組織無法獲得充足的氧氣。正常狀況下，動脈將血液運離心臟，並分送到可供氣體交換的微血管，再由微血管把珍貴的氧氣輸送到身體各個組織和器官。

然而吻合的動脈所形成的分支，會直接導向另一種血管，也就是靜脈，靜脈負責把血液送回心臟。正因為吻合的血管略過了分支成微血管的步驟，儘管每秒仍有大量血液通過周遭組織，組織仍無法獲得氧氣，導致缺氧。缺氧的細胞會分泌一種促進血管增生的荷爾蒙，促使吻合的血管繼續生長，甚至形成分支，導致更多組織缺氧，形成不斷的惡性循環。

就和人體其他各種發育缺陷一樣，沒有人知道血管吻合如何發生？為何發生？總之它就是發生了。這說明和人類發育相關的基因及組織結構，在編程上實在有點遜色，再次套用鞋帶的舉例：這根本是沒綁鞋帶。

本章結語：癌症總會找上你

雖然許多人不會過敏、從沒中風，也沒有籠罩在自體免疫疾病的陰影之下，但你我體內都有一頭猖獗的野獸：癌症。只要你活得夠久，基本上可以百分之百確定你會罹患癌症。只要你沒有因為別的原因死亡，癌症終究會找上你。

人類的罹癌率高得驚人，只要活得夠久，沒有因為其他原因死亡，幾乎人人都會罹癌。此外，各種多細胞動物都會罹患癌症，人類不是特例。我們的罹癌率雖然高於某些動物，卻也比某些動物來得低。

換句話說，癌症並沒有使人類變得更特別，只不過活得愈久，癌症發展的程度會更高罷了。那麼，我為什麼要提起癌症呢？為何不乾脆就跳過不講，就像是我沒有提起動脈粥樣硬

化（atherosclerosis）一樣？

　　因為癌症可說是自然界最終極的程式漏洞及特徵。舉凡能行有性生殖、有DNA、有細胞的生命就會有癌症存在。癌症無所不在，事實上，癌症是自然界最極端的缺點，它是一種設計上的缺陷，影響著包含人類在內的所有生物。

體內的魔鬼

　　癌症和自體免疫疾病一樣，是細胞的產物。當細胞對自身的行為準則感到迷惑，開始失控生長、增殖，癌症就發生了。以腫瘤為例，這些失控的細胞團塊失去了正常的功能，並開始扼殺長出腫瘤的器官。至於血癌 —— 白血病（leukemia）和淋巴瘤（lymphoma）——癌細胞會把血球細胞和骨髓擠出去，為自己騰出更多空間。不管哪種類型的癌症，癌細胞通常會轉移到其他組織，接管主控權，直到病人的身體不堪負荷為止。就本質而言，癌症是一種和細胞生長控制有關的疾病。

　　需要時，身體多數細胞都可以生長、分裂和增殖。有些細胞幾乎一直在生長，好比皮膚細胞、腸道細胞和骨髓；有些細胞從來不分裂，像是神經元和肌肉細胞；有些細胞則是介於兩者之間，只有在需要修復傷口或是維持組織時才開始分裂。

　　細胞必須調節自身的增殖狀態，只在需要增殖的時候增殖，該停止的時候就要停。當人體內出現一個忽視規則、不斷生長的細胞，癌症就開始了。從這個角度來看，癌症是因為我們自身的細胞出了問題，這些細胞想要打造自己的生活，怠忽原本的職守，只專注於自身的生長和增殖。

　　我曾在飛機上遇到本篤會的摩曼（Gregory Mohrman）神父，聊天過程中，我提到我剛參加完一場有關癌症研究的研討會，正準備返家。博學多聞的神父對癌症研究非常著迷，問了許多和我的研究以及癌症本質相關的問題。接著，他根據自己對癌症的想法，發表一番雄才大論，我試著解釋如下：

　　在我看來，魔鬼在生物體內最終極的展現方式就是癌症。癌症既不是因細菌或病毒發動攻擊而起，也不是人體遭受外力影響所致，而是我們自己的問題。我們自己的細胞，似乎臣服於某種邪惡的力量之下，忘記了自己的職守，開始過著自顧自的生活。它們是自私的，所作所為只為了自己，對其他事物一概不理。它們貪得無厭，不斷生長，擴散至其他部位後繼續生長，接掌主控權，殺死原來的組織。目前，我們能夠對抗這些墮落細胞的唯一方法，會讓我們變得更衰弱，因為攻擊癌細胞等於攻擊自己。對於這些接管人類血肉身軀的惡魔，我們束手無策。這也是我對腫瘤學家和癌症研究學者致上最高敬意的原因：他們致力於打擊邪惡力量。

　　我幾乎是屏息聽完神父這番言論，所以印象深刻。說來諷刺，任何和癌症有關的文章或文字敘述，開篇段落的大意就和神父這番充滿詩意又言簡意賅的論述差不多，只是用詞通常都是無趣的臨床醫學用語罷了。

　　癌症的確是大自然的糟糕設計：生物自身的細胞功能失常的程度，竟然到了讓生物因此喪生的地步。由人類乳突病毒（human papillomavirus，HPV）引起的子宮頸癌是個例外，只有極少數的癌症是由病毒引起。

　　癌症之所以如此頑固，有兩個原因：第一，如摩曼神父所言，癌症並非外來的入侵者。癌症是因為我們自身的細胞出了差錯，因此很難找到只對抗癌細胞，卻不會影響正常細胞的藥物；第二，癌症病程是一種累進式的發展，而且通常有很高的侵略性。

　　癌細胞不斷變異，意味著過了一段時間之後，它又變成另一種疾病。癌細胞生長、變異、入侵，最終擴散到全身。一開始有效的治療方式，最終仍會失敗，如果一顆由一千萬個細胞組成的腫瘤，經過放射線照射，殺死了99.9％細胞，剩餘的細胞還是足以重新生長成腫瘤，而且會變得更具侵略性，對於原本的治療方式也會產生更高的抗性。

　　究竟是什麼原因導致體內細胞開始不受控制地生長？其實體內幾乎每個細胞都存在發生突變的可能性，也就是DNA序列產生隨機的變化。有些突變的肇因是環境中無所不在的有毒物質，但多數是因為細胞在DNA複製過程中出了差錯。人體內每天進行幾十億次細胞分裂，因此每天都會發生幾萬次失誤。

突變是雙面刃

　　多數癌症就是這麼開始的。人體每一天發生數千次永久性的突變，其中偶爾有個突變發生在某個基因上，導致細胞偏離受控制的正常增殖程序，進入像癌細胞一樣的狀態。突變是隨機發生的，人體內沒有什麼特別容易發生突變的癌症基因。多數發生突變的基因不會導致細胞發展成癌細胞；然而，有些突變確實有這個能力，因此，當這類型的突變發生，細胞就進入不受控制的狀態。

　　此時，天擇的原則就會開始發揮作用。倘若一個突變的細胞生

長速度比鄰近細胞稍快，由這個細胞分裂出來的細胞，數量就會大於鄰近細胞分裂出來的細胞。生長速度快，DNA複製發生的次數多，突變速率也加快，發生錯誤的機會就增加了。

這些錯誤大部分沒有任何效用，但偶爾，隨機發生的突變會導致細胞以更快的速度生長，這些細胞以更快的速度分裂，分裂出來的細胞數量又再次大過其他細胞。癌症就是突變、競爭和天擇作用不斷發生所帶來的結果，有些過程在腫瘤大到足以被發現之前就已經發生。

癌症既是細胞分裂過程中的程式漏洞，也是細胞分裂的特徵，因此多半被認為是多細胞生物生命中無可避免的事情。只要不是單細胞生物，就會遇到體內細胞增殖的協調問題。細胞分裂——以及牽涉其中的DNA複製——是一場危險的遊戲。玩得次數愈多，最後成為輸家的機率就愈高。除非人體哪天獲得能夠毫無瑕疵複製DNA的能力——這無疑是生物界的白日夢——否則人類只要活得夠久，癌症終究會找上門來。

癌症之於人類，存在著冷酷又諷刺的意義，因為它是生命必然會產生的副產品。演化造就的一切偉大源自於突變，DNA複製過程中隨機發生的錯誤，為生物帶來了變化和創新。從演化的觀點來看，突變提供了遺傳多樣性，這是物種想要長久存續必不可少的條件。總而言之，突變就是這套系統中最終極的程式漏洞，但同時又是這套系統最大的特色。

因此，演化作用和癌症之間達成了一種令人不安的平衡。突變造就癌症，導致個體死亡，但突變同時提供了多樣性和創新，這對物種族群而言是件好事。

某些物種，如人類、大象，達到性成熟的年齡很晚，因此必須

積極保護自己免受癌症侵擾，以免在產生後代之前就死亡。壽命較短的物種，如鼠和兔，可以容忍較高的突變率，對抗癌症的態度也顯得比較消極。沒錯，癌症終究會找上我們，不過，這就是所謂的妥協。演化作用並不在乎個體是否因癌症而死亡，物種為了獲得突變帶來的遺傳多樣性，勢必要有所犧牲。

正如醫師作家路易士・湯瑪斯（Lewis Thomas）曾說：「能夠犯點小錯是DNA真正神奇的地方。少了這個特別的性質，人類仍只是一團厭氧細菌，世界上也不會有音樂存在。」

第六章

愚蠢的人哪

為什麼人腦只能理解非常小的數值？

為什麼我們這麼容易受到視錯覺蒙蔽？

為什麼我們的想法、行為和記憶經常出錯？

在一本敘述人類弱點的書籍裡，出現專講人腦的章節，似乎有點奇怪。畢竟目前為止，人腦是地球上最強大的認知機器。當然，在下棋這方面，電腦已經可以贏過我們，不過在其他許多方面，甚至單純就思考而言，人腦仍然占據優勢。

過去七百萬年來，人腦的進步程度遠超過於和我們親緣關係最相近的物種。人腦比黑猩猩的腦子大了三倍，但我們和黑猩猩的差異主要不是源自於腦子的大小。

人腦停滯在一萬多年前

人類腦部的發展主要發生在少數幾個關鍵區塊，特別是新皮質（neocortex），人類先進的推理能力就從這裡發展出來。人腦是先進的訊息處理中心，體積碩大，腦區之間彼此連結的程度也遠超過其他物種。就連最先進的超級電腦，也無法和處理能力快速又迅捷的人腦比擬。

人腦的美妙之處，不僅在天生的運算能力，還有自我訓練的能力。如今生活在已開發國家的人們可以廣泛接觸各種正式教育，不過人腦最密集、最叫人驚豔的學習過程並不是發生在教室裡。

比起任何我們在學校學到的知識和技能，語言可說是一項影響更深遠又妙不可言的能力，人類習得這項技能的過程幾乎是渾然天成又毫不費力。人類學習語言靠的全是腦子蒐集、分析以及整合資訊的驚人能力，再先進的機器學習（machine learning）也無法達到這種境界。

目前大眾所能接觸到翻譯程式當中，最頂尖的系統大概就是Google翻譯了。然而任何擁有一定程度雙語能力的人，只要稍稍試

用Google翻譯,就能輕易看出人腦比電腦聰明的事實。人腦只要經過幾個月的學習,就能用比電腦更快的速度執行不同語言之間的翻譯工作。

不過,人腦稱不上完美。

人腦很容易混淆、受騙及分心,有些難度極低的技能,人腦卻怎麼樣也學不好。即便具備強大的技能組合,人腦有時候也會犯下令人尷尬的錯誤;我們試圖認知這個複雜的世界(而且經常失敗),卻經常受到奇怪的認知偏誤和偏見所干擾。

人腦對某些輸入資訊過於敏感,卻又對其他資訊視而不見。人腦不僅恪守過時的教條,而且又迷信,甚至反駁最基本的邏輯理念(沒錯,我說的就是占星術)。有時候,光憑一件趣聞軼事,就能塑造人腦對某個議題的整體觀念。

雖然,人腦的某些限制完全是意外所致——具備無窮能力的運算裝置也會出現難以解釋的失算時刻——但某些限制則是人腦配置方式造成的。我們的祖先演化出具備這般能力和靈活程度的腦子,但他們生活的環境和今日世界大不相同。

過去兩千萬年來,說穿了,我們只是另一種猿類罷了,人腦出現如今這般結構是最近二十萬年的事,而且直到六萬五千年前才開始因應現代人的生活方式而演化。

自從穩定步入文明生活之後,人類沒有發生太多遺傳變異,因此我們的身體和腦子所適應的環境,跟今日的世界大相逕庭。現在,人類將心智能力應用於哲學、工程學和詩歌藝術;然而,人類在當年之所以發展出心智能力,完全不是為了這些目的。

更新世是人類演化的關鍵紀元,開始時間大約是兩百六十萬年前,持續到上次冰河時期為止。一萬兩千年前左右,出現了所謂

「文明曙光」（the dawn of civilization）時刻。更新世進入尾聲時，人類開始在全球散布，重要的人種多數建立了自己的群體，許多地方的農業也開始發展，當時人類的基因庫和現今稍有不同。

換句話說，過去一萬兩千年來，人體和人腦並沒有太大變化。意思就是說，我們並沒有適應「現在」的生活，我們適應著更新世的生活。要把這件事說個清楚明白，就從我們感知世界的方式來切入吧。

愛腦補的人類

遊樂場、博物館、馬戲團、精裝大開畫冊，當然還有網路上，可以看到視錯覺的各種運用。這些視覺把戲造成產生認知失調（cognitive dissonance），使人眼花撩亂，我們知道事情不太對勁，但腦子無法繼續找出解決問題的方法。

視錯覺雖然有趣，卻也令人頭昏眼花，一旦腦子困惑太久，很多人會出現不適感。

「視錯覺」（optical illusion）的型態種類繁多：實際上不可能存在的物體（好比從不同角度看會呈現三叉或四叉的叉子）；筆直的線條看起來卻呈現彎曲或斷裂；靜態的二維圖像呈現景深或圖中景物貌似在移動；甚至，有的「點」或圖像，會因為觀看角度不同時而出現，時而消失。

這些視錯覺背後的成因機制略有不同，但主要是因為資訊缺失（或遭受誤導）時，人腦為了創造完整（卻有可能不正確）的視覺成像，進行了「填空」的動作。由於感官接收的訊息非常原始、未經處理，甚至難以理解，所以腦子必須將混雜的訊息整合成一幅

和諧的畫面。這就像把訊號傳遞到電腦螢幕一樣，一堆電子發送由零和一組成的二進位碼，經由顯示卡處理，呈現具有高度組織化的影像。

和電腦螢幕不一樣的是，人腦具備優異的能力，可以藉著既有的資訊進行推斷，這是一種無意識的過程。大體而言，這種能力很好用。

就說我們很會認臉這件事吧，人類臉部的形狀和結構存在許多變異，而人腦可以在瞬間辨別這些細微的差異。許多人總記不得別人名字，但幾乎不會忘記別人長怎樣，而且我們常會記得朋友臉上的特徵，像是眼睛或嘴巴。

早在語言發展出來之前，漫長的更新世裡，臉是社交生活的關鍵線索。人類靠著臉部特徵辨認彼此，也有賴臉部表情互相溝通。因此，在無生命物體上看見臉孔的有趣現象，也就這麼出現在人類世界裡。

早期人類竭力維生的同時，強大而且通常可以拯救性命的心智能力也開始發展，好比根據不完整的畫面做出推論、以過往經驗預測未來、憑著短暫一瞥推估整體情勢。偶爾，人腦這種驚人的特色會誤導我們，在腦海中形成不正確的畫面。

有趣的視錯覺就是利用了這些心智能力。好比有些靜止的圖像看上去恍若動了起來，這樣的圖像通常由交替或連續的圖案組成，這些圖案多半具有尖角，或者某一端逐漸變細。

只有這些圖案以相對或交替方式出現時，看起來才有動態感，高對比色也有助於提升動態效果。人腦之所以認為這些圖案在動，源自於神經一種非常巧妙的創新能力，許多動物也有這種能力：製造影像的動態感。

如這樣由交替圖案組成的畫面，會刺激人腦利用眼睛接受到的靜態圖片創造出「動態影片」。

　　視網膜上的神經元捕捉視覺資訊後，以最快的速度把資訊傳向人腦，但這個過程並非立即發生。我們眼前所見並非當下的世界，而是約十分之一秒之前的世界，然而這已經是神經元傳遞訊息所能及的最快速度。

　　考慮到視網膜上的所有神經元必須同時傳出訊息，這個最大的傳訊速度會導致所謂的閃爍融合閾值（flicker fusion threshold）的產生：訊息傳遞的頻率大過人眼能偵測的極限，因此腦子自動「填補」這些間隔發出的訊號，導致圖案看起來是動態的。

　　就某種意義上來說，我們並非真的「看」見圖案在動，那是腦子推論的結果。人眼就像快照相機，光線昏暗時的拍攝速度是每秒十五張，拍好了就把照片傳給腦子，再由視覺皮質（visual cortex）利用這些資訊打造出連續的動態圖像，就像早期的影片其實是由靜態圖片組合而成的。

　　這並不是什麼無聊的比喻，而是千真萬確的事實。事實上，如今我們所接觸到的視覺媒體，大多數都是以快速閃爍的方式來傳達畫面。

　　電視、電影都有所謂的「畫面速率」（frame rate），以每秒閃爍的畫面數量為單位，通常介於每秒二十五至五十幀之間。只要畫面速率快過於人眼的運作速率，腦子就會自動連結這些資訊，創造出動態畫面。但是，如果畫面速率低於人眼的運作速率，那麼觀眾就會發現電視節目和電影的真相：它們其實是由一連串不斷閃爍的圖片所組成。

　　狗和貓對於電視畫面沒有太大興趣的原因，一部分是因為牠們視網膜神經元傳送訊息的速率比我們快得多，所以電視畫面在牠們眼裡其實是不斷閃爍的畫面，看起來肯定很煩。

　　鳥類的閃爍融合閾值比哺乳類動物高，所以牠們能夠捕捉魚類、昆蟲等等移動速度快的獵物。猿類和其他靈長類動物，包括人類在內，儘管有優異的彩色視覺，但是因為閃爍融合閾值低，所以快速移動的獵物通常不是優先選項。畢竟人類打獵靠的是耐力和智力，而不是快速的行動能力。即便人腦創造動態影像的速率比其他動物慢，這種動態錯覺依然存在。

　　人腦中和創造動態影像有關的區塊，經常在我們盯著特定圖案瞧的時候出錯。不過，能騙過人腦的只有某些特定圖案，一方棋盤

通常不會引起動態錯覺。能騙過人腦，導致腦子創造動態畫面的圖案，通常是有著尖角，看起來像是往前推進的那種圖案。在開闊的莽原上，視野中如果出現什麼尖銳的物體，通常是會動的動物，人腦已經適應了這一點。

藝術家早知道這件事，經常藉此讓欣賞作品的觀眾產生動態錯覺。一幅有一百四十年歷史的油畫當然不會動，但竇加（Edgar Degas）許多傑作，如他筆下最著名的芭蕾舞者，就常讓觀賞者產生動態錯覺。

聰明人也躲不掉的「認知偏誤」

在理性或「正常」的決策過程中，人腦出現任何系統性的崩潰，就叫做認知偏誤。整體而言，人類這種決策過程的缺陷引來了心理學家、經濟學家和其他學者的大量關注，試圖瞭解像人腦這般不可思議的先進構造，怎麼會發生如此不可思議的錯誤，而且這種錯誤的可預測性還高得不可思議。

人腦擅長邏輯和推理，就連孩子也做得到演繹推理，並且很快學會若則邏輯。人類與生俱來最基本的數學能力，其實也是一種邏輯訓練。雖然人腦偶爾也會不理性，但通盤而論，邏輯支配著人類的思考和行為，正因如此，認知偏誤才顯得特別奇怪，成為學者研究的題材。

認知偏誤導致人腦運作時偏離了我們預期的理性軌道。近幾十年來，經濟學之下興起了一個分支領域，稱為行為經濟學，就是在探討人類的認知偏誤。康納曼（Daniel Kahneman）是行為經濟學的創始學者之一，也是諾貝爾獎得主，他在暢銷著作《快思慢

想》（*Thinking, Fast and Slow*）中對許多認知偏誤作出解釋。

認知偏誤的類型有幾百種，各自的定義經常重複，而且有共同的根源，不過認知偏誤主要可以分為三大類：第一類影響人的信念、決策和行為；第二類影響人類的社交互動和偏見；第三類和記憶扭曲有關。

一般而言，人腦在理解這個世界時如果發生短路，就會造成認知偏誤。人腦會根據過往經驗建立起分析事情的規則，一來可以省去對每一項環境資訊進行徹底分析，二來有助於做出快速的判斷。節省時間向來是優先考量，經過演化，人腦只要逮到機會就想節省時間，心理學家稱之為捷思（heuristic，又稱經驗法則）。

毫不意外，為了做出快速判斷，人腦經常發生失誤，畢竟慢工才能出細活嘛！不過這麼說其實不太公平，畢竟人腦多數時候表現不俗，而且人腦所犯的錯誤中，有許多是受到設計缺陷所限制，而能力有限和缺點是兩碼子事。

認知偏誤之所以是一種缺點，原因在於它並不是因為系統負擔過重所產生的結果，而是一種不斷重複出現的錯誤。更糟糕的是，人類的認知偏誤根深柢固，難以矯正。有些人知道自己的腦子傾向犯錯，但即便給予正確的資訊，他們卻仍然一再犯下同樣的錯誤。

舉個所有人常犯的錯誤：確認偏誤（confirmation bias）。人類容易以一種支持自己既有信念的方式來解讀資訊，而不是對事實做出公平客觀的評價。

確認偏誤有很多種形態，從選擇性記憶（selective memory）到歸納推理（inductive reasoning）錯誤，再到完全拒絕承認矛盾的證據。這些都是人腦處理資訊時發生故障所致，人們通常無法反觀自己的確認偏誤，即便被別人說破也一樣，同時又總是因為看見別人的確

認偏誤而感到沮喪無力。

說到政治觀點或對社會政策的看法，儘管數據擺在眼前，多數人仍然抗拒改變。

且讓我說個最經典的例子吧。社會科學家隨機找來一群受試者，向受試者展示兩份編造的研究報告，其中一份指出死刑是嚇阻暴力犯罪最有效的方式；另一份顯示相反結果。整體而言，受試者傾向高度支持和自己觀點相同的報告，對和自己觀點相反的報告則給予差評。有時候，對於和自己觀點相反的報告，受試者甚至會特別指出其中局限；然而，在那份和他們觀點相同的報告裡，其實也存在同樣的局限！

在其他實驗中，科學家甚至進一步提供受試者有關平權運動和槍枝控管的假報告，這兩項都是火熱的政治議題。即便這些假結論明確清晰、強而有力的程度遠超過任何真正的研究，但是對受試者而言沒有差別。因為唯有和自己立場相同的研究，才會得到受試者的賞識。

這項研究也反映出另一個和確認偏誤有關的事實：我們的政治氛圍中充斥著確認偏誤，所以即便臉書上各種爭論不斷，並沒有人因此改變想法。

每分鐘有兩百五十個傻瓜誕生

以美國心理學家佛瑞（Bertram Forer）為名的佛瑞效應（Forer effect），是確認偏誤的另一種形式。

佛瑞曾找來一群毫無戒心的大學生進行實驗，如今這項實驗非常出名：他要求學生做一份篇幅很長、探討個人特質的測驗卷，藉

此評估學生的興趣。同時，他也告訴學生他會根據這份測驗卷的內容，對學生做出完整的個人特質描述。一週後，每位學生都收到一份號稱量身訂做的報告，內容包含一系列有關個人特質的描述，以下是某位學生收到的內容：

1. 你非常需要別人的欣賞和讚賞；
2. 你傾向批評自己；
3. 你有很多並未好好善用的潛力；
4. 雖然你有性格上的弱點，但一般而言你知道如何彌補；
5. 性調適（sexual adjustment）對你來說是個問題；
6. 外表看來你是個井井有條，謹慎自持的人，但是內心卻充滿憂慮和不安全感；
7. 有時候，你會懷疑自己的決定，以及自己的所作所為是否正確；
8. 你喜歡一定程度的變化和多樣性，會因為受到約束和限制而不滿；
9. 能夠獨立思考讓你引以自豪，沒有足夠的證據，你不會輕易接受別人的說法；
10. 你覺得向別人過度袒露自己是不智之舉；
11. 有時候你是外向、親切、善於社交的人，有時候的你卻內向、憂慮、性格保守；
12. 你有一些不切實際的想望；
13. 安全感是你生命中的重要目標。

事實是這樣的：所有學生都拿到相同的個人特質報告。不過，

學生們並不知道真相，而這麼做也是整個實驗的關鍵所在。一旦所有學生都拿到所謂「量身打造」的「個人」特質報告之後，佛瑞教授要求學生替這份報告的敘述準確度評分，分數範圍為一到五。平均下來，這份報告得到了四・二六分。

我個人覺得上述這些描述還挺準確的，或許你也和我一樣，因為它的確如此。其實，每個人都會覺得這些敘述很準確，因為它所使用的文字要不是很模糊，要不就是很普遍，只要不是徹底的精神病患者，大概都適用這份個人特質報告，「安全感是你生命中的重要目標」，這話你難道不同意嗎？

讀著這些敘述，心想著這是為你量身打造的報告。此時，其實對於文字中表達了什麼，或者沒有表達什麼，你並沒有認真判斷，這些敘述似乎只是強化了你對自己既有的認知。當然，如果教授告訴學生，這些文字只是隨機找來的個人特徵敘述，他們可能會發現有些描述跟自己並不相符。他們之所以深深相信這些敘述，是因為他們以為那是替自己「量身打造」的。

一旦資訊處理系統出了錯，可能會替我們惹來大麻煩。占星家、算命師、靈媒、巫師都很清楚佛瑞效應的巧妙之處。只要稍加練習，就算是叫賣的小販也能藉由一些模糊的字眼，精心編織出一個準得出奇又適用於現況的故事，關鍵前提在於倒楣的受害者「想要」相信自己所聽到的。

佛瑞效應又常稱為巴南效應（Barnum effect），以紀念美國馬戲團經紀人及表演者巴南（Phineas Taylor Barnum）。他曾說過一句名言：「每分鐘就有一個傻瓜誕生。」考慮確認偏誤的普遍性，巴南這句諷刺警句嚴重低估了事實：就目前全球出生率看來，每分鐘有兩百五十個傻瓜出生——每四分之一秒就有一個傻瓜誕生。

以假亂真的錯誤記憶

　　人腦的記憶能力，簡直和邏輯思考的能力一樣神奇。國中學到的各國首都、小學摯友的電話號碼、歷歷在目的旅途回憶，和電影情節、情感體驗……無數的回憶片段在你腦子裡躍動。同樣的，這種不可思議的人類特徵也充滿各種程式漏洞。在人腦裡，記憶的形成、儲存和擷取過程中，有著各式各樣的缺點。

　　許多人都有這種經驗：津津樂道回憶著多年前發生的往事，但是和留存的影音檔案或其他人所作的相關記錄一比較，竟發現自己的回憶和事實相去甚遠。有時候，旁觀者會以主觀的感受來記憶事件；有時候，人們會把記憶配上不同的時間或地點，甚至改變參與其中的人物。

　　這些小小的錯誤看起來似乎沒有大礙，卻有非常深遠的影響。看看刑事司法審判就知道了。

　　針對某一起犯罪案件，如果檢察官能夠找到目擊證人，要讓嫌犯定罪通常不是問題。如果證人可以明確指認自己親眼目睹的攻擊犯罪案兇手，事情怎麼可能出錯呢？如果目擊證人根本不認識嫌犯或受害者，他又何必說謊？

　　不過，對於目擊證人的證詞可信度，司法心理學（forensic psychology）領域的研究學者提出令人大吃一驚的發現。至少有三十年的研究結果顯示：目擊證人的指認極為偏頗，經常出錯，碰上暴力犯罪事件尤其如此，不過負責蒐集證據的警察和提出證據的檢察官不會告訴你這種事情。

　　心理學家透過模擬事件來告訴大家，事後記憶有多麼容易扭曲，用來解釋某些目擊證人腦子裡出了什麼問題。

　　研究人員找來一群自願受試者，將他們隨機分為兩組。兩組受試者都以固定且受限的角度觀看一段暴力犯罪的模擬影片，彷彿自己就是事件的旁觀者。稍後，研究人員會要求受試者描述兇手的外形。接著，一組受試者留在原地一個小時，另一組受試者則被帶往指認兇手的房間。

　　接著，受試者會看到排成一列的嫌犯，研究人員會詢問受試者是否能夠指認兇手。不過，這排嫌犯中還隱藏了研究人員安排的小把戲：裡面沒有人是影片中真正的兇手。這一排嫌犯中有一位——也只有這一位——外表約略符合受試者對兇手外形的描述，如身高、體型和種族。通常，這位嫌犯就會被指認為兇手，多數狀況下，目擊者對於自己的指認表示「非常肯定」。

　　這樣的實驗結果當然令人不安，不過最惱人的部分還在後頭。過了一段時間之後，研究人員再次要求兩組受試者描述兇手的外形特色。當時留在原地，沒有見過那一排嫌犯的受試者，給出的描述幾乎和先前一樣。

　　然而，見過嫌犯的受試者當中有許多人增添了更詳細的描述。見過排成一列的嫌犯這件事，顯然「改善」他們腦中有關兇手的記憶。這些受試者所增添的描述細節，總是符合那位外形和兇手最接近的嫌犯，並非影片中的真凶。研究人員想要榨出受試者腦中有關犯罪案的相關記憶，受試者也的確窮盡自己最佳的回憶能力，只不過他們的記憶歪曲了。

　　這項研究以許多有趣的方式繼續拓展，也讓美國許多州的司法機構，改變讓嫌犯排排站的指認方式。研究目擊者記憶（eyewitness memory）的專家告訴我們，嫌犯排列的正確方式只有一種：每位嫌犯，或受雇演出嫌犯的臨時演員，外形特色都要符合目擊證人的描

述。如果證人的描述跟兇手本身的外形特徵並不相符（這是常有的事！），那麼找來的臨時演員外形打扮要以嫌犯為準，而不是以證人的描述為準。

此外，嫌犯身上要避免有醒目的標記，甚至彼此的衣著都不能有太大差異，傷疤和刺青都要遮起來。如果目擊證人記得兇手脖子上有刺青，而面前一排嫌犯當中只有一個人的脖子上有刺青，即便這名嫌犯是無辜的，也極有可能被指認為兇手。

看過其他新的面孔之後，目擊證人會對犯案經過的記憶進行追溯編輯。就連衣著都可以使人腦記憶出錯，而且一切就發生在不知不覺之間。這種假的記憶簡直跟真的一樣真，甚至更真！

其實沒有那麼痛

旁觀者的記憶已經夠不可信了，當事人的記憶可能更糟糕。個人的創傷經歷也很容易出現記憶扭曲。無論遭遇性侵害之類的單一創傷事件，或是承受戰爭中多種創傷引起的持續壓力，都有發生記憶扭曲的個案紀錄。

和創傷有關的記憶扭曲，通常是當事人記憶中的創傷，比實際承受的創傷來得更大。隨著記憶中的創傷逐漸增長，當事人的創傷後壓力疾患（post-traumatic stress disorder，PTSD）也會愈來愈嚴重。

不難想像，這樣下去當事人承受創傷折磨的時間會愈來愈長，程度愈來愈深。

舉個例子，研究人員曾向參與沙漠風暴行動的退役軍人詢問某些創傷經歷，比方像是躲避狙擊手的射擊、坐在瀕死同袍的身邊……。詢問時間分別是他們退役一個月後和兩個月後，結果顯

示，88％的退役軍人至少對一項事件產生不同反應；61％的退役軍人對一項以上的事件產生不同反應。

更重要的是，多數人對於事件的反應，都是從「不，我沒有這種經歷」變成「是，我有這種經歷」。這種過度記憶的現象和創傷後壓力疾患的症狀增加有關。

我的同事，約翰傑刑事司法學院（John Jay College）的史傳吉（Deryn Strange）教授，率領一群研究人員，以一系列聰明絕倫的實驗，證實這是一種記憶扭曲。

他們先請受試者觀看一部畫面寫實詳盡，和真實致命車禍有關的短片。影片分為好幾幕，每一幕之間都以空白畫面分隔。這些空白就是影片畫面被刪除後的結果。這些被刪除的畫面有些具有創傷性，例如目睹父母遭遇而尖叫的孩子；有些並沒有創傷性，好比救援直升機趕抵現場。二十四小時後，研究人員找回受試者，進行一項事前沒有通知的試驗，目的在探究受試者對影片畫面的記憶、想法和回憶。

對於的確出現過的畫面，受試者的記憶表現很不錯。然而，有四分之一機率，受試者把不曾看過的畫面「當成」曾經出現的畫面。比起非創傷性的畫面，對於具有創傷性的畫面，受試者更容易出現過度記憶的現象，而且表現得自信滿滿。

此外，有些受試者出現了類似創傷後壓力疾患的症狀。受試者雖然試著避免回憶這場車禍，但腦海中反而出現了那些具有創傷性的畫面。說來有趣，對於實際上沒有出現過的創傷性畫面，這些產生類似創傷後壓力疾患症狀的受試者，比其他受試者更容易產生過度記憶，這也進一步證實創傷後壓力疾患和記憶扭曲間的關聯。

人腦這種形成假記憶的怪現象總得有個解釋吧？認知能力如此

敏銳細膩的人腦竟然會誇大過往所受的創傷經歷來自我傷害？這只是簡單的錯誤而已嗎？人腦演化出認知能力是最近的事情，所以因此無法承受巨大的情緒壓力，而犯下草率的錯誤？

或許是這樣。不過，針對這個現象，還有另一個有趣的解釋：假記憶（false memory）的形成可能是人腦的適應行為。誇大創傷回憶，可能是為了強化個體對危險情況的恐懼。恐懼是一種強烈的動機，也是非常重要的制約機制，可以避免個體遭遇危險。

一般而言，如果沒有重複遭遇一樣的狀況，個體對某件事情的恐懼和厭惡會逐漸消退。對創傷事件的記憶，以及創痛程度隨著時間加劇的怪象，可能是為了阻止恐懼感消退。所以，這個程式漏洞其實是人類的特色，或者你也可以反過來說：這種特色是人腦的程式漏洞。

莊家必勝

姑且不論人腦對於往事不能準確記憶，評估當下情勢是人類能夠好好生存的基本技能，但人腦評估當下的能力甚至比記憶往事還糟糕。

日常生活中，來自周遭世界的資訊不斷轟炸著我們；如果想要穿越這場感官風暴，我們必須做出無數決策。決策時間通常都很短，我們也都希望結果能夠利大於弊。因此，對於眾多人、事、想法和結果，我們必須賦予它們一定的價值，由腦子進行各種評估，做出可以增加或保有既有價值的決策，而不是削減事物既有價值的決策。

心理學家和經濟學家一致認為，人類在賭桌上的行為是人類

評價能力也會出差錯的極致展現,對金錢尤其如此。多數人實在不擅評估金錢的價值,賭博時,金錢來去的速度快,過程不費吹灰之力,因此想要深入探討人腦評價能力的問題,從賭博切入最好不過。許多心理學家和經濟學家,專門探究人類賭博時的決策行為。

這不僅僅是一項學術研究而已,人類的賭博行為可以反映在其他許多領域上。令人沮喪的是,學者研究過後發現,人類在賭桌上的決策行為,通常也映照在日常生活裡。

多數人剛接觸賭博時,都對賭博的基本邏輯敬畏三分。當然了,整個賭博產業本身就不合邏輯,賠率永遠利於莊家,這一點大家都知道,所有人也很清楚賭場就是靠著賭客輸錢來獲利。即便如此,賭客還是會踏進賭場,也許他們追求的是賭博帶來的刺激感。

在賭客心中,這樣的經歷是有價值的,他們認為賭博就跟打高爾夫球、看電影一樣,只是一種嗜好;在賭桌上輸掉的錢,就跟買入場券是一樣的意思,沒什麼大不了。賭客打從開始就知道這一點,大贏一把帶來的快感讓他們享受其中。

不過,賭博和其他消遣娛樂之間存在一個重要差異:人們會不斷過度投資。多數賭客走出賭場時,輸掉的錢比預期的還多。如果你在賭客踏進賭場前,先問他們準備輸多少錢;等他們離開賭場時,再問一次他們真正輸了多少,輸掉的金額通常超過他們原先設定的停損點。

事實上,如果你能在賭客踏進賭場前,就先確切告訴他們會輸掉多少錢,多數賭客根本不會踏進賭場。賭客或許真的享受在賭桌上博弈的快感,不過在輸了錢之後,「只是為了好玩」這種理由,不過是賭客否認自己做出糟糕選擇的托詞罷了。

從賭客的糟糕選擇可見人類的心智存在某些缺陷,其中最具有

啟發性，也最值得一提的，莫過於和日常生活中相關的現象。

　　賭局剛開始的時候，賭客通常會設定一個可以接受的停損點，好比某位賭客能夠接受一百美元損失。接著，他坐上每注最少五美元的二十一點牌桌，通常而言，他會先下注一到兩個籌碼，過程中有輸有贏。

　　然而，當他開始贏錢之後，有種狀況很可能會出現：他會增加下注籌碼。但是，這麼做完完全全不符邏輯，如果你在贏了五十美元之後，把下注金額從原本的五美元提高到二十美元，只要兩三把運氣不好的牌，就能把你花了十把牌才攢到的五十美元輸掉。別忘了，只要你玩得夠久，最後的勝利者一定是莊家。在贏錢時提高下注金額，等於加速把你贏來的錢還給莊家。

見好就收就對了

　　當你發現自己贏了不少錢，慶祝這番好運的最佳方法就是減少下注金額，而不是增加下注金額。這麼一來，你還有機會不至於落得輸錢回家的下場。當然了，想要贏錢回家，唯一的方法就是在贏錢的時候收手離場，不過幾乎沒有人做得到。邏輯思考能力很強的人，通常根本不會踏進賭場。

　　賭場也很清楚這一點。遇上手氣極佳的賭客，賭場會怎麼做？送上免費飲料；如果賭客仍然好運連連，就有可能獲得頂級自助餐的吃到飽餐券；倘若客人依舊旺得不得了，賭場可能會送他到飯店免費住一晚，贏得愈多，房型愈奢華。賭場希望藉由豪華高級的飯店房型，讓客人覺得自己是有權有勢的重要人士。

　　賭場何必對贏走大把鈔票的賭客巴結諂媚至此？其實一切都是

為了留住賭客的腳步。賭場奉上愈多好禮，賭客留下來的時間就愈長；賭客留下來的時間愈長，愈有可能把贏的錢都吐出來。短暫贏錢讓賭客產生自己賭技超群的錯覺，事實上他最後輸掉的金額可能遠遠超過一開始設定的容許值。

不管多麼謹慎堅定的人，只要開始贏錢，良好的判斷力也就隨風而去了。賭徒們彷彿下定決心要把贏來的錢統統吐回去，事實上也的確如此。

人類這種行為缺陷在日常生活中隨處可見。擁有的資源愈多，人們就不再小心翼翼，造成手中資源很快揮霍殆盡。我們身邊總是有些因為各種理由而身無分文的人，好比學生、低薪工作者、承擔家庭經濟重擔和生計的人。這些拮据的人，一旦手邊有了點小錢，他們會怎麼做？最常見的情況，就是立刻花光。

為什麼？他們好不容易有了點錢，可以用來還債、修車、整理住宅、買些耐用的東西或做點合理的投資。不，他們通常把錢花來買華麗的衣服、吃頓高價的晚餐或者縱情於酒色當中。這是完全不合理的行為，揮霍帶來的享樂快感會消逝，而衍生出來的債務永遠存在。

在必要的時候，我們懂得撙節支出，然而在沒有壓力的狀況下，多數人很難維持節儉習性。如果能聰明運用這一小筆橫財，有可能帶來長期的報酬，甚至能以其他方式幫你省錢，但在這種狀況下，多數人無法做出好的選擇。

無所不在的賭徒謬誤

在賭場還能清楚看出人類另一種常見的心理弱點：賭徒謬誤

（gambler's fallacy）。人們認為一項隨機事件發生的機率，會因為它有一陣子沒發生過而提高，或者因為它剛才發生過而降低。如果事件彼此之間沒有關聯，那麼這樣的想法完全是個錯覺。在賭場上，或日常生活的許多事件當中，過去和現在完全無關。

我偶爾也會踏進賭場，畢竟我跟大家一樣，不是完全理性的個體。每當置身賭場，我最喜歡看賭客玩輪盤。球這一次停在 00 號格子裡的事實，並不會影響球下一次停在 00 號格子的機率，輪盤每次旋轉，球會停在哪一個格子裡的機率都是一樣的。反過來說，如果球已經好幾次沒有停在某個數字，下一次球停在這個格子裡的機率也不會因此提高。這是很基本的邏輯。

然而你一定會看見押注 00 號的格子而獲獎的賭客，未來幾輪不會繼續押注 00 號；如果某個號碼已經很久沒有開出，你也會看見賭客持續在這個號碼上押注重金。一旦真的如願開出賭客押注的號碼，你會看見賭客下一輪立刻改押其他很久沒有開出的號碼。賭場很樂意列出之前開出的輪盤號碼，他們知道之前開了什麼號碼根本不重要，一切都是賭客「自作多情」。

賭客為什麼會上這種伎倆的當？他們真的認為那顆球或輪盤「知道」前一輪開出的結果，因此在下一輪開出不同結果？當然，賭客不會有意識這樣想。不過，賭客確實認為事件的平衡發生比純粹隨機發生來得合理。

賭徒謬誤深植人心，有時候還偽裝成一種直覺。好比某一家人連續生了三個女嬰，許多人堅信下一胎一定會是男孩，如果下一胎真的是男孩，那麼眾人的直覺得到了驗證；如果下一胎還是女孩，眾人肯定驚呼「天啊，又是女孩！這機率也太小了吧？」

事實上，機率是 50％。三億五千萬個衝向卵子的精子，並不知

道這家人已經連生了三個女嬰。每一胎生男生女，機率就跟擲銅板一樣。銅板不會知道之前的結果，連續出現十次人頭不是不可能的事情，第十一次翻出人頭的機率依然是50％。

我們該如何解釋賭徒謬誤這種人類的心理現象？答案是：演化作用。

人腦就像一部電腦，演化過程中多數時間運行著「捷思」這種程式。捷思又稱經驗法則，是腦子為了能夠快速理解周遭世界所建立的規則，有助於人類做出適當的決策（希望真是如此）。

觀察某件事情的時候，人腦通常會無意識把事件的規模擴大，預設事件背後有更大的真理存在，不可否認，這種技能非常好用。好比我們的祖先發現有隻獅子躲在灌木叢裡，他很可能認為灌木叢就是獅子出沒的場所，將來就會小心避開類似的地方。我們的祖先根據單一資料往外推演，涵蓋範圍更大的事理，這過程很可能救了他一命。

觸底不見得會反彈

經驗法則好用歸好用，然而當我們遭遇無限量的資料時，這種心智捷徑反倒會害了我們。人腦的設計並非用來理解無限，人腦受到有限數學（finite math）的限制。

舉例而言，我們知道擲銅板時，兩面出現的機率各是50％，如果某人發現已經連續出現四次人頭，他的腦子會把這樣的觀察經驗歸為有限資料集，在無意之間做出這樣的結論：已經出現四次人頭面了，為了達到一半一半的比例，很快就會出現錢幣面。這種和小數（small number）有關的思考能力，在人類祖先發展認知和學智能

力時，或許很好用，不過到了現代，這種能力以各種方式出錯，當我們面對機率問題和極大數值時尤其如此。

讓我們回到賭徒身上。贏錢的時候捨不得抽身已經夠糟糕，偏偏人類連輸了一屁股的時候也這樣。告訴我你聽過多少次某人（或者是你自己）說：「下一把我就能把本錢贏回來。」或者錯得更嚴重的說法：「玩了這幾把以後，莊家欠我的錢可多了。」這些人彷彿以為牌支、骰子或輪盤等賭法後面有個帳戶，必須控制維持收支平衡。這種想法實在離真相太遙遠了。當你連輸了一陣子之後，別忘記這種態勢持續的機率會比它有所改善的機率稍微大一點，畢竟賠率總是對莊家有利。

失利時也無法收手，這種現象可能和所謂的「沉沒成本謬誤」（sunk cost fallacy）有關。二十一點牌桌上的賭客即便正在輸錢，也捨不得起身離開的原因，一部分在於他們認為如果不繼續試著把錢贏回來，那些輸掉的錢就「浪費了」。

這絕對是謬誤中的謬誤，因為沒有任何方法可以提高賭客下一把的勝率，即便事實如此，也無法阻止賭客的謬誤想法。沉沒成本謬誤也常包藏在看似明智且合理的投資行為當中，好比你必須先花錢才有機會賺錢，以及其他和未來報酬率有關的老生常談。

各位，記住這句話：不是每一分花掉的錢都叫做投資。有些錢沒了就是沒了，贏回成本絕對不是說服自己繼續承受虧損狀態的理由。莊家拿到二十一點，不代表他欠你什麼，也不代表下一把你獲勝的機率就會增加，你的處境還是一樣，甚至更差了一點。就算莊家連續十把拿到二十一點，下一把拿到二十一點的機率還是一樣，不管你輸了幾把，都不會提高你未來的勝率，至於那些錢，輸掉了就是輸掉了。

害人愈輸愈慘的沉沒成本謬誤

不僅在賭場，人類各種活動中處處可見沉沒成本謬誤。許多業餘投資者——幾乎所有退休人士都是業餘投資者——要賣掉股票之前，會先考慮當初花了多少成本。

這麼想完全沒有道理。股票未來的表現，才是你決定要賣不賣的唯一因素，跟你在一天、一個月、一年或是十年前買進沒有關係。如果你認為這支股票未來會漲，那就留著；如果你認為它未來會跌，那就賣掉，就這麼簡單。

不過，投資者沒來由的恐慌，或是暫時性的市場衰退，都有可能造成股票價格跌落，這些是你留著賠錢股票不賣的正當理由。至於當初買進的價格，其實和你要不要賣股票無關，然而，這卻常是股民最大的考量因素。

事實上，許多有價證券管理程式，會在股票現值旁邊列出購買時的進價，這麼做實在很糟糕，因為會強化了你的錯誤觀念，讓過去的輸贏影響未來的決策。

如果股票價格呈現穩定的跌落態勢，那就表示賣出的時機已經到來。然而，多數時候，股民會暫緩執行這個必要的決策，想要抓住股價上漲的那一刻，起碼撈點本回來，偏偏等待的過程中，股價持續滑落，輸掉的錢只有愈來愈多。

這種情況不只出現在股票買賣上面，沉沒成本謬誤影響許多和理財有關的決策，而且通常帶來更糟的結果。好比賣房子，儘管該賣的時機出現，多數人不願意賠錢殺出，他們會留著房子和其他不動產，等待市場復甦，好讓他們可以拿回成本。

這麼做聽起來似乎是很合理，然而每年的稅賦、水電費、維

護費用，只會讓你花掉更多錢，但是人們留置不動產的時候，很少考量到這些花費。此外，如果房子沒人住，或者沒有帶來實質的收入，留著它們只是把你可以動用的資金綁死而已。

沉沒成本謬誤不只影響個人的行為，也會影響群體的決策。美國出兵伊拉克不久之後，事態愈來愈明顯：對伊拉克持續進行軍事占領，任何參與其中的國家不再因此有任何收穫。藉由推翻前朝政權和解除其武裝，美軍已然「贏」得這場戰爭。然而伊拉克時局動盪，暴力事件和恐怖行動四起，秩序混亂成為美軍繼續占領伊拉克的理由，以剷除叛亂分子及穩定伊拉克時局為己任。

然而，美軍的持續存在，就是造成時局動盪的因素，是導致恐怖分子持續招兵買馬，變得更加激進的關鍵。即便所有人都已意識到這個殘酷的事實，美軍仍然不願撤兵伊拉克。相關政論經常提到「生命損失」和「金錢損失」兩個論點，「我們已經付出這麼多，這一切不能化為烏有！」美國或許有一定的道義責任該出手幫助伊拉克的人民，但那是另一回事，解決方式也絕非透過軍事行動。

當人們覺得自己對某件事已經投入時間、心力或金錢，不希望一切犧牲變成浪費，腦中就會跳出沉沒成本謬誤。這麼想當然可以理解，但卻完全不合邏輯。有時候，不管你先前已經投入多少，執著於一項失敗的計畫不肯放手只會造成更多損失。看穿自己的固執實在不容易，但適時停損才是明智之舉。

定價遊戲

凡是遇到金錢或其他資源，我們常用賭徒謬誤和沉沒成本謬誤搞砸自己的生活。不過對於事物的價值，人腦還存在更基本的錯

誤：我們在一開始評價的時候就搞砸了。

就說零售商玩弄商品價格標籤的把戲吧，大家都知道這些伎倆多麼有效。許多研究顯示，消費者特別容易受到打折商品的吸引，而不在乎最後的價格是多少。要價二十美元的上衣，如果商人把標價改為四十美元，再祭出五折優惠，銷售速度就會快了起來。評估事物價值時，人類採取的角度是相對的，而非絕對的。

此外，人腦還有錨定偏誤（anchoring bias）的問題，我們很容易受到最先接收的資訊左右，不論資訊的可靠程度如何。導致我們進一步評估事物的價值時不夠嚴謹，只想到要和最先接受的資訊做比較。就以前面提到的例子來說，跟四十美元的標價相比，二十美元顯然便宜多了。

薪資談判或購置房產的時候也一樣。最先說出某個數字的人如同設下了談判基準點，所有參與其中的人一旦聽到這個數字，都會以此為基準，對後續提出的價格展開討價還價。聰明人談判薪資時，最先提出的薪資要求，總是比自己實際能接受的數字高出許多。如此一來，管理者會覺得只要殺價5％至10％，就算完成一樁「好」的交易。即便最後的數字，比他原本預定支付給員工的薪資還高。

這種認知偏誤深植在人類的社會心理，人們甚至不曾對此提出質疑。我自己就有親身經歷，我曾經聯絡太陽能板公司到我家來報價。我發現自己把每一間公司提出的報價，都拿來跟第一間公司的報價相比。然而，第一間公司其實並不想接我這個案子，因為對於我提出的設計，他們並沒有相似的施工經驗，於是把報價喊得很高。後續幾間公司提出的報價比較低，讓我開始覺得安裝太陽能板並不貴嘛！直到我親愛的枕邊人提醒我，這些報價依然遠遠高過我

原本預計的花費。

　　為什麼第一間公司不乾脆直接回絕我，反而提出這麼高的報價？或許，他們覺得這樣的價格，才值得他們冒險接下不熟悉的工程。然而，更有可能是因為他們很清楚，喊出這麼高的報價，會讓我覺得他們是眾多太陽能公司裡的佼佼者。不瞞各位，這招還真的奏效了！

　　幾週後，我發現自己跟朋友說：「如果價格不是問題，目前業界品質最好的太陽能板公司就是第一間公司。」我到底在說什麼鬼話？無論是哪一間太陽能板公司，我對他們的工程品質根本毫無概念，我唯一掌握的資訊只有報價，但這也就夠了。第一間公司用超高報價成功地讓我以為他們就是業界龍頭，而我也心甘情願做了他們的免費代言人。

被動手腳的標籤

　　研究行銷和銷售的專業人士清楚知道，人腦在評斷事物價值時會發生偏誤。他們在眾多經濟領域中進行科學研究，想辦法提高銷售量，飲料業也在他們的研究範疇之內。研究顯示，消費者會避免購買售價太低廉的葡萄酒，因為他們認為售價低代表葡萄酒的味道或品質很糟糕。

　　盲飲測驗的結果證實，在葡萄酒的價格標籤上動手腳，真的能夠改變受試者的味覺感受。假的高價標籤讓受試者給予他們所品嘗的葡萄酒極高評價；而假的低價標籤讓受試者對於喝下的葡萄酒嗤之以鼻，儘管他們喝下的其實並非廉價葡萄酒。

　　當受試者知道標籤上售價其實是假的，尷尬之餘通常也會坦承

貼著高價標籤的葡萄酒似乎真的比較好喝。這可不是什麼為了讓研究人員留下深刻印象的噱頭，商品價格真的會影響人的感官，包括味覺在內。

葡萄酒的推銷員還知道，價格偏誤也可以反向運作。各位如果有機會走進一家不錯的葡萄酒店，記得注意酒的標價。通常，你會在一些中價位的葡萄酒中間，看見一瓶價格特別高的葡萄酒，這讓中價位的葡萄酒顯得特別便宜。至於那一瓶昂貴的葡萄酒，真正的價格可能沒那麼高，說不定商家只是把廉價葡萄酒換上高價標籤罷了。總之，它只要能讓其他酒顯得便宜就算完成任務！

同樣的，一瓶便宜的葡萄酒可能和其他高價位的葡萄酒並排陳列，目的是讓其他葡萄酒顯得更有價值，只要在售價標籤上動點手腳就能達到目的。

當某一支酒只剩下最後一瓶，酒商通常會替它換上低價標籤來促進其他葡萄酒的銷量。好比幾瓶售價十美元的梅洛（Merlot）已經在架上放了好一陣子，如果酒商在它們之中放入一瓶售價六美元的葡萄酒，突然之間，梅洛就賣出去了。

當酒商想要把這瓶售價六美元的葡萄酒賣出去，做法很簡單，只要替它換上十五美元的售價標籤，然後在標籤上打個大大的叉，馬上就賣出去啦！

我們沒那麼不一樣

看到這裡，各位應該已經發現，人腦最常見的認知偏誤和錯誤，多數都發生在處理金錢這件事情上，管它是賭博、行銷或財務計畫，統統一樣。

　　貨幣是人類發明的產物，和大自然沒有直接關聯。而且人類歷史中大部分時間，所謂的經濟活動其實透過以物易物的方式進行，物品本身就有用處，不需要具備反覆變動的價格。因此，針對貨幣，我們沒有演化出相關的認知技能，倒也不是什麼怪事。貨幣純粹是一種概念，毫無生物基礎可言，因此許多人選擇租房買車，而不是買房租車。

　　就人類歷史而言，金錢算是個新產物。不過我們濫用金錢的方式，恰好反映出人類心智迴路中的古老毛病。人類演化出認知能力的時候，世界還沒有任何貨幣。雖然沒有貨幣，但大自然裡也有資源吧。這些資源，也產生了所謂的價值觀，以及價值觀的衝擊。

　　身而為人，免不了和商品、服務和房地產扯上關係，對擁有者而言，這些都是有形的資產。商品可以是食物、工具或裝飾品；合作關係、結盟關係、美容、助產（別還懷疑，這種服務早就存在了！）等等都算是服務；哪些地方適合紮營、築巢或狩獵偽裝……這其實就是不動產的概念。換句話說，早在貨幣出現之前，經濟力量就已經存在人類社會中。

　　現代人和珍貴資產之間的關係，早已和遠古時代的人類大相逕庭。就我們所知，其他動物也會犯下跟人類一樣的錯誤。好比許多動物，會以食物或其他禮物來購買「交配權利」；有些企鵝甚至以築巢材料來交換交配權利（各位有興趣的話，我的書《沒那麼不同》（*Not So Different*）中有一整章在談動物界的性交易）。在鳥類族群中，鳥巢地點通常象徵社會地位，於是鳥類爭搶優良的築巢地點的程度，跟人類熱絡的房市不相上下。

　　自然界中有許多例子，說明為了能夠興盛繁殖，動物界也有過度占用資源的現象。貪婪、嫉妒並不是人類獨有的特徵。人類雖然

發明了貨幣，然而我們並非史上最早出現交易行為的物種，也不是地球上第一種要面對經濟心理學的生物。

幸虧有許多以其他動物為對象的研究，我們才能愈來愈清楚知道，其他動物的經濟思維跟人類一樣存有缺陷。既是動物行為學家，也是演化心理學家的桑托斯（Laurie Santos）博士，花了好幾年時間建立「猴子經濟學」（monkeynomics），訓練捲尾猴理解貨幣的意義，並學會使用貨幣。

他也以這項優異的研究工作為基礎，發表了許多期刊論文，而最重要的發現在於：遇到資源，猴子也會出現許多跟人類一樣的非理性行為。猴子也有損失規避（loss aversion）的思維，損失會使牠們寧願犯傻冒險，然而如果要賺進和損失數量相同的金額，牠們是不會冒這種風險的。這些猴子和我們一樣，以相對的角度衡量價值，所以只要在價格上動點手腳，就能輕易操縱牠們的選擇，就像酒商那一套。

猴子和人類有許多相同的認知偏誤，代表充滿缺陷的經濟思維背後有更深層的演化真理。如今看起來錯誤、不理性的行為，像是確認偏誤，導致我們依據沉沒成本謬誤來進行決策；這樣的決策行為，在農業出現之前，或許非常適用於我們的祖先。畢竟那時候沒有輪盤賭桌，也沒有海濱公寓這些東西。當資源僅供生存所用，和社交地位、生活舒適度或權力無關時，採取相對的角度來判斷資源價值，其實還挺合理的。

在野外，動物要面對極高的生存風險和演化壓力，我們的祖先也不例外。如今，生活在已開發國家的現代人，倘若輸了點錢，最多就是縮衣節食一番。然而，生活在更新世的人類，一旦失去資源就可能會餓死，因此會出現損失規避的極端行為也很合理。面對瀕

臨死亡的險境，冒險並不愚蠢，非常時期要有非常手段。

　　所以，人類經濟思維的缺點，確實有它演化上的意義。不過酒商、賭場業者和眾多經濟活動中的機會主義者非常清楚：這項特徵是人腦重大的程式漏洞！

一朝被蛇咬的機率偏誤

　　對各種極端事件的敏感，是人類另一種非理性行為。通常，生命中某一個特定事件，或者從別人口中聽來的故事，影響我們的程度遠大於你的認知。這種現象可以歸入所謂的「輕忽機率偏誤」（neglect of probability）。

　　有一回我搭上朋友的車，他正準備從市區道路開上州際高速公路。他在靠近匝道口時開始減速，最後完全停了下來，好讓他轉頭仔細觀察後方來車狀況。我不可置信大叫：「你在幹什麼？」他回答：「我曾經在匝道口發生車禍，從那之後我一定要等到後面完全沒車，才會開上高速公路。」

　　我這位朋友顯然屈服於單一事件的力量之下。駕駛人的教育課程和道路交通規則都告訴我們：匯入交流道時，保持車行狀態才是更安全、更有效率的做法。在州際高速公路匝道口突然停車，是非常危險的舉動，因為後方來車以高速接近，加上路面和燈光的狀況，可能導致後方來車追撞。

　　我朋友一定有許多次安全匯入交流道的經驗，也看過很多車子這麼做；然而，僅此一次的車禍，徹底改變了他的想法和行為，導致他採取更危險的方式來保障行車安全。

　　或許你會說，大量數據還不是由個別事件組成的？沒錯，不過

因為量夠大，所以數據會說話。通過大量的數據分析，研究人員可以找出隱藏在事件背後的真相和統計分布型式，但是，個人並無法從有限經驗中獲得大數據資訊。

然而單一意外跟故事，卻比統計數字更有說服力，為什麼？因為數據無法打動人心，故事才有這種本領。我們覺得故事比統計數字重要，是因為我們可以把自己投射成故事主角，從而有感同身受的感覺，誰能對數據產生同理心？

買樂透彩券是人們尊崇軼事，而捨棄統計數據的另一種表現。打從我有記憶以來，我的父母一直買樂透彩券。他們不會浪費錢玩刮刮樂或是其他金額較小的三星彩、四星彩，他們只買大樂透，因為大樂透的中獎金額可以讓他們翻轉人生。

我的父母用錢很謹慎，購買其他東西時都要精打細算，然而這麼多年下來，他們投資大樂透的金額少說有幾萬美元。每當我好意提醒他們，母親總搬出「買一個希望和夢想」的說法來替自己辯護。這樣的說法雖然常見，但立場很薄弱，畢竟，懷抱希望和夢想是不用花錢的。

我的父母和所有玩大樂透的人一樣，受到護理師贏得百萬美元的故事深深激勵。一邊看著中獎人領支票的電視畫面，一邊心想：「我也有機會！」然而他們沒有看見幾百萬人白花錢買樂透，最後一毛也沒賺到的事實。故事的力量真是至高無上！

針對各種社會議題，為了支持自己的立場，人們都常會結合軼事力量和認知偏誤。如果你認為政府的福利政策根本是浪費公帑，你大概可以說出個例子證明自己的觀點；如果你認為有些公司根本是破壞環境的兇手，你手邊應該也有幾個邪惡工業引發環境災難的案例；對於誰才是國家美式足球聯盟最佳四分衛，你肯定也有一番

精闢見解。這其實相當不理智。

軼事之所以比數據更具說服力，同樣又是因為人腦只能處理有限數學和一些小數字的關係。

人腦開始演化時，當時的人類一生中所要接觸的人頂多兩百個，從所見所聞中做出推論是很重要的能力，這樣便可以省去凡事都要親自學習的麻煩。而今，我們可以利用紙筆或電腦來處理數字。雖然人類有心算能力，但人腦從來就沒有辦法處理大數字。一千萬乘以三千億是多少？你也許能夠透過心算得出答案，但你無法真正理解一千萬到底是多少。

早期人類社會的人數從來沒有超過兩百人，因此人們不需要對大於兩百的數字產生數學概念，人腦當然也就沒有演化出這種能力。有些人甚至認為人腦天生只能理解三個數字：一、二和許多。南美洲的皮拉罕族（Pirahã tribe）的語言中確實也只有這三個數字，進一步支持了這項說法。

人類對數字的理解程度到哪裡，各方不斷爭論。不過對於人腦實在不適合數學運算這件事，大家幾乎沒有異議。購買樂透彩券成癮的人，經常為此付出代價。

不過，人腦還有另一種認知缺陷，讓我們付出更大代價。

年少輕狂

大家都知道：老年人開車又慢又小心，總會記得繫上安全帶；年輕人開車魯莽又大意。

由於我們實在太常聽到類似的說法，以致於根本忘了它有多矛盾。年輕人還有大好人生在前面等著，在操控他們一生中最可能引

發致命的機械時，難道不該再小心一點？而老年人剩下的寶貴時間已經不多，不管去哪裡，動作難道不該再快一點？

這種現象絕對不僅是老生常談而已，背後還有數據支持。年輕人確實是最危險的駕駛人，他們最不喜歡繫上安全帶，買車的時候也很少考量車子的安全性。缺乏經驗並不是年輕人開車魯莽的原因，研究顯示，年紀較長的新手駕駛，成功避免事故發生的能力跟開車老手不相上下。

小心謹慎的開車態度跟年齡有關，而不是開車技術，這一點租車公司早就發現了。租車公司通常不會把車子租給二十五歲以下的駕駛，如果事故發生率跟經驗有關，租車公司大可把租車條件限定為開車經驗少於八至九年的駕駛不得租車，然而他們並沒有這麼做。開車魯莽冒險是年輕人的專利。

當然，年輕人魯莽的態度不只反映在開車上而已。從各種面向看來，年輕人都稱得上是大冒險家，他們嘗試危險、違法毒品的比例最高；從事性行為時，也最不喜歡做好安全措施。

年輕人特別享受極限運動，如高空彈跳、跳傘、攀岩、定點跳傘等等，即便有配套的安全措施，這些運動本身仍然很危險。多數時候，極限運動讓參與者意識到危險的存在，而這也是令參與者感到刺激的一部分原因。在心理學家眼裡，這種習慣性追求刺激的人就像上癮一樣，無法抵抗危險活動造成腎上腺素飆升的快感。

對於身處險境這件事，年輕人似乎真的樂在其中。吸菸就是最好的例子。有菸癮的年輕人幾乎都知道香菸會帶來致命風險。事實上，第一次抽菸的經驗通常非常糟糕，像我就清楚記得自己頭幾次抽菸的經驗：喉嚨一陣刺痛，導致我馬上咳了起來；尼古丁讓我頭昏眼花，感到一陣噁心。有些人甚至在「享受」人生第一根菸之

後，馬上就吐了。

儘管抽菸帶來如此不舒服的感覺，我並沒有因此停止，最後還是染上了菸癮。每抽完一根，不舒服的感覺愈來愈少，最後，噁心感完全敗給了淡淡的放鬆感。到了這種程度，我已經離不開香菸，我花了二十年的時間戒菸，成功戒菸六年之後，我仍然對自己一開始染上菸癮的行為後悔不已。

一個人如果到了二十五歲還沒抽過菸，那麼他之後抽菸的機率幾乎是零。甚至早在二十一歲，就可以判斷一個人未來是不是非吸菸者。隨著心智愈來愈成熟，選擇吸菸這種愚蠢行為的人可說是聰明反被聰明誤。再說了，第一次吸菸的經驗讓人如此難受，繼續抽下去豈不是太不合理了嗎？然而我就是這樣，其他數百萬個孩子也是如此。所以問題不在於抽菸的人是誰，而在於為什麼要抽菸？

是耍帥還是要笨

冒險行為的背後有個關鍵事實：從事冒險活動的主要都是年輕人，而且男性居多。年輕男性是人類族群中最危險的分子，他們常做這些愚蠢多過於冒險的行為，原因很簡單：引起他人注意。

年輕人，特別是男性，會從事瘋狂的冒險活動來展現自己的「適能」（fitness）。雖然優異的體能代表有很好的適能，但還有其他展示方式可以達到相同目的。「適能」一詞源自於和動物行為相關的研究當中，是動物和潛在交配對象、對手溝通的方式，讓其他個體認可自己的力量，說得白話一點，意思就是：「看我多厲害，就算做了危險的舉動也安然無恙。」

同樣的，把這樣的意思延伸到吸菸上就是：「看我多強壯，就

算做了大家都說很不健康的事也能活得好好的。」如果年輕人冒險純粹只是為了尋求自身的快感,大可以默默冒險就好,但他們並不如此(不過對香菸成癮之後,是可以獨自抽菸)。年輕人的瘋狂行徑總要在眾目睽睽之下才會發生,而且觀眾愈多愈好。

適能展示背後有悠久的演化歷史,也有許多種不同展示的類型,不過年輕人展示適能的方式,被生物學家歸入一種特別的類型——「高成本訊號」(costly signal)。

自然界一些特殊的性擇(sexual selection)現象就和高成本訊號有關,好比公孔雀巨大的尾羽和雄鹿壯觀的鹿角,除了吸引交配對象之外,沒有其他任何功能,而且擁有它們的成本非常高,不僅移動時要消耗更多熱量,移動的速度和靈活度也會下降。

雖然有些哺乳類動物會利用頭角打架,但許多有頭角的動物很少這麼做,甚至根本不這麼做。鹿角和尾羽主要的功能是展示,向雌性動物顯現自己有多強壯。巨大的尾羽如何展現力量?拖著這麼大的構造走來走去還沒有餓死或被敵人殺死,你覺得呢?

根據缺陷原則(handicap principle),性擇有時會導致雄性動物演化出純粹用來展現力量、吸引異性,卻造成生存障礙的荒謬構造,這樣的性擇對物種整體的健康或活力沒有任何幫助。那些巨大的鹿角真的只是展示品?沒錯,而且真的有用!別再說尺寸不重要了。雌鹿確實會受到體積碩大,外型精緻的鹿角吸引;公孔雀的尾羽,也會因為同樣的原因受到母孔雀的青睞。

反毒廣告的反效果

把缺陷原則運用在行為上已經不簡單,要運用在人類身上更

難。不過，有充分的證據顯示這麼做是可行的。經研究確認，從事冒險行為的男性——尤其和體力有關的壯舉——對年輕女性而言更有性吸引力。在年輕女性眼裡，同一位男性打橄欖球的樣子比彈鋼琴更吸引人。

還有更具說服力的：就連男性也會對同性的冒險行為感到印象深刻。直線加速賽、攀岩和抽菸都可以讓年輕男性贏得同性尊敬，維持同性友誼。就演化的角度看來，社會性動物——包括人類在內——雄性之間的結盟關係，有利於個體鞏固優勢階層（dominance hierarchy）中的重要地位。雄性在優勢階層中的地位愈高，獲得生殖成功的機會就愈大。以上我所講的情節，相信只要念過高中的人都會覺得熟悉。

在年輕男性的眼中，不愛冒險的女性，反倒比較有性吸引力，這可能解釋了為什麼男性比女性更愛冒險，畢竟有機會因為這項特質而獲益的是男性而不是女性；這現象也支持了另一項觀念：在哺乳動物界當中，雄性個體猶如消耗品，雌性個體才是物種生存和繁衍的限制因素。

由此可見，女性非常珍貴，男性通常容易受到具備謹慎、關心等特質的女性吸引，因為這樣的女性才能確保自己的後代可以好好存活。因此，女性對配偶本身的關注程度其實不高，他們比較在乎後代能不能拿到好的基因。

這樣的看法未免太以偏概全了些，然而就像那些和衰老、風險規避（risk avesion）有關的老生常談一樣，它還是有一定的事實基礎。畢竟在高中，運動高手受到女生青睞，而怪咖總被忽略，即便未來的現實世界經歷中，怪咖比較有機會成為社會成功人士。然而，到了風水輪流轉的時候，許多男男女女只能暗自興嘆，因為他

們早已經生兒育女。

最近，人類初次生殖的年齡有增加趨勢，或許有人樂觀認為：如此一來，就能減少年輕男性為了展現適能而付出的昂貴代價；而聰明瘦弱的男性，在同性之間也可以獲得更多關注。

但短期之內，這樣的現象不會造成任何衝擊。要發生演化上的轉變，愛冒險的男性和生性保守的男性之間，必須先存在足夠的遺傳差異，並承受連續數個世代的選汰壓力。少了這些因素的話，我們就等著看年輕男孩繼續犯傻吧。

人腦這項程式漏洞帶來一項重要啟發：許多想要減少民眾吸菸、飲酒、濫用毒品或從事其他冒險行為的公眾意識活動，可能根本用錯方法了！對高中生解釋使用毒品的風險，看似是說服他們遠離毒品的合理方式，但是卻有可能帶來相反結果。解釋愈多愈會提升毒品對這些孩子的吸引力，對年輕男孩尤其如此。

俗語說「嫌貨人才是買貨人」，這句話不是沒有道理。年輕男孩的腦裡是這麼想的：毒品既危險又違法，所以嘗試毒品的人一定既強壯又勇敢。各位，說到人腦在認知上的瑕疵，還有比這更明顯的例子嗎？

本章結語：聖徒與罪人

人類的智力何以在如此短的時間之內超越其他近親物種，至今仍是史上最大的演化謎團之一。智力高顯然是一種生存優勢，會成為天擇青睞的人類特徵也不無道理。然而，高智力幾乎不是透過演化就能得到的特徵。

　　首先，物種想要透過演化變得聰明，必須發生一連串依序發生的突變，才能承擔接踵而來的頭骨擴張、腦部生長、腦區之間更密切的相互連結等變化。

　　其次，至少就哺乳類動物而言，雌性個體的生殖結構也要做出相應改變，才能讓頭部變大的胎兒順利分娩。

　　再者，腦是非常耗能的器官，為了支持腦部運作，生物每天必須攝取足夠的熱量。人體每日的能量消耗有兩成被腦子用掉，耗能程度是所有器官之最。

　　事實上，鯊魚、鱟、龜等存在已久的動物從來沒演化出大型的頭腦，就足以說明生物要為此付出的代價有多高，也說明這是一件多麼不可能的事。

　　儘管代價高昂，又要面臨許多結構上的限制，人類還是演化出又大又聰明的腦子。因此，人腦顯然是一種良好的設計方案，怎能說它是個缺點？然而，近距離觀察就知道，這顆龐大又強大的腦子很可能是人體最大的缺點。

　　多數人類學家認為，人類智力擴展的最初階段，發生時間至少在我們和黑猩猩分化後的四百萬年至五百萬年之間。當時的人類也形成規模更大、合作更緊密的社會群體。當我們的祖先轉變為雙足步行姿態，在濃密雨林和多草莽原的邊陲地帶生活時，也開始精通各式各樣的生存技巧。他們需要擴展認知能力，以便學習、執行這些複雜的生存技巧。

　　走在演化的道路上，人類與生俱來的行為和技巧已經不敷使用，學習勢在必行。人類大部分的學習發生在社交地點，個體之間互相傳授，因此，生存技巧和社會互動彼此連結，共同演化，導致人腦發展出更強大的能力。

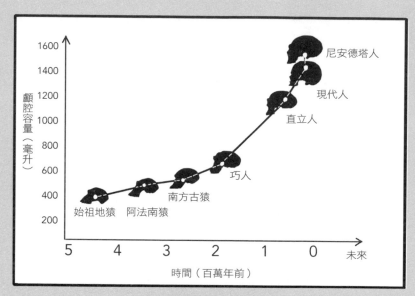

過去五百萬年來，人類祖先的顱腔容量逐漸增加。不過，到了最近一百五十萬年，顱腔容量開始加速擴張，反映出人類可能發展出一種反社會性的競爭新策略。

　　人類祖先轉換成直立行走的姿態以後，騰出雙手，可以拿東西、製造工具。此外，人腦體積漸增，人類社群的規模愈來愈大，這些都有助人類學習社交生活。於是，人類發現自己身處於一個完美的環境，更複雜的溝通、合作模式即將出現。

　　人類要先有觀點取替（perspective taking）的能力和同理心，才有辦法合作。也就是說，為了跟你合作，我必須先能想像你看待事情的觀點。團體合作要有效率，每位成員必須能夠瞭解其他人的觀點、想法和感覺。在人類祖先身上，合作和社交這兩種能力發展至前所未見的新高點，強大的智力在其中扮演重要角色。直到……

大約一百五十萬年前，人類祖先腦部擴張的速度突然劇烈加快。過去一百萬年來，人腦擴張的程度至少是之前五百萬年的兩倍。究竟發生了什麼事，帶來如此快速的改變？

新進研究指出，人類祖先腦部生長之所以劇烈加速，很可能因為生存競爭變得更激烈。當時，地球上有數種原始人類共同競爭相似的棲地和資源；此外，同種之內，不同群體領域相互重疊時，也會彼此競爭。

從天行者變成黑武士

動物群體之間互相競爭聽起來稀鬆平常，對吧？不過人類祖先帶著全新的認知能力開啟這場競爭，事情就此變得黑暗。

人類的競爭行為，徹底遵從馬基維利價值觀（Machiavellian）。操縱、欺瞞、拐騙、恐嚇樣樣來。為了使出這些手段，許多原為合作而發展的技能，也必須派上用場，好比觀點取替、預測他人行為等等。

在人類演化過程中，優異的認知能力原應朝向光明面發展，但我們發現了它的黑暗面。如同天行者安納金變成黑武士，找到了這項能力的黑暗面之後，人類變成真正強大的生物。

這項演化適應的遺產，散見於今日各項新聞頭條。人類以無法言喻的暴力行為互相傷害；以無情、狡猾，完全不顧他人痛苦的方式彼此謀算。說來驚人，演化成如此無情生物的過程中，人類並未犧牲合作、利他及利社會（prosocial）的行為本性，我們兼具光明和黑暗，就像有著雙重人格的化身博士。

雙面人性是人類的正字標記。大愛無私的慈善家可以在轉瞬間

變成殘酷冷血的兇手，甚至進行種族屠殺。僅僅幾個世代之前，美國和許多其他國家的財主殘忍奴役他人，藉此打造財富，而他們同時又是慈愛的父親和盡責的丈夫。眾所周知希特勒是屠殺數百萬人也毫不眨眼的兇手，但他在伊娃面前卻是個慷慨溫雅的謙謙君子。

世界上怎麼會有這種既殘忍可怕又慈愛大方的物種？不僅如此，就連物種個體都存在如此極端的兩面，為什麼？因為能夠判斷情勢，順利切換合作和競爭兩種生存模式的人類祖先，才是演化作用青睞的對象。

人類演化出高度的社會性，懂得合作，也發展出利他行為，但又同時具備殘忍無情、老謀深算的冷酷性格。不過，人性的黑暗面似乎才是促進人類演化出這顆大腦子的推手。所以，下一次準備開口稱讚某人的智慧時，各位不妨先停下來想一想，這背後犧牲了哪些事？或者，哪些人？才成就了他的聰明才智。

第六章 愚蠢的人哪

終章

人類的未來

為什麼我說人類還在演化中？

為什麼包括幾乎所有的文明，

注定在毀滅和重建之間不斷輪迴？

我們有可能過著無病無痛的生活嗎？

為什麼科技的進步，一方面拯救人類，

一方面又提高人類自我毀滅的可能性？

　　這本書所提到的人體缺陷，只不過是鳳毛麟角。人類還有許多心理偏誤、數不清的DNA問題、許多無用（或者過於複雜、容易損壞）的身體構造。總之，我們身上還有各式各樣的缺點在這本書裡都沒有提到。一本內容涵蓋人類所有缺點的書，分量絕對比這本書大得多，價格肯定也貴得多，這是實話。

　　不過，我們倒不必因為身懷這些缺點而洩氣。畢竟，演化只能透過隨機發生的突變來運作，能生存下來的，是那些最能適應環境的物種，而非最完美的物種。再說了，這種隨機發生的機制之下，不可能存在所謂的完美。任何物種的存續都是利弊平衡的結果，人類就算再偉大，也無法例外。

待改進的演化方案

　　然而，說到不完美，人類的故事非常「獨特」。我們的缺點似乎比其他動物多；但是說來矛盾，這些缺點其實是人類的演化適應方案，只不過這些方案有待改進。

　　舉例來說，其他動物只需要吃單一食物，而我們卻必須透過多元的飲食，才能維持健康。這狀況的起因是，人類祖先有能力擺脫單調的主食。人可以利用優異的認知能力在環境中覓食、打獵、採集、挖掘，從各種棲地中獲取營養。

　　這聽起來是件好事，對吧？然而，隨著心智能力愈發強大，人體卻變得愈來愈懶散。有了多元豐富的飲食，人體自行製造營養的功能開始停擺，原本可以「享受」多元飲食的人類祖先，變得「一定」要有多元飲食才能生存下去。身為貪吃的雜食者原本是個優勢，最後反倒成了限制，這是一種不幸的轉變。

　　同樣的邏輯，也可以延伸到人類的身體結構和生理層面。演化作用透過各種折衷方案打造出我們這副皮囊，人類可謂最終極的通才。跑得比我們快、爬得比我們高、挖得比我們深、打擊力道比我們大的物種所在多有，不過人類特別之處，就在於我們同時能跑、能爬、能挖掘也能打擊。

　　所謂「博而不精」，用來形容人類再適合不過。如果為地球上所有生物舉辦一場奧運，十項全能是人類唯一有希望獲獎的項目（除非棋弈也列入奧運項目）。

　　人體之所以有某些問題存在，是因為人類開始演化時所面臨的環境，和現代人生活的環境大相逕庭。這樣的環境差異衍生出演化錯配疾病，如肥胖、動脈粥樣硬化、第二型糖尿病等等病症。

　　許多演化錯配疾病的根源在於古今人類的飲食差異，不過石器時代的人類和現代人的生活型態還有一項極大的差異：科技。

　　科技讓我們以超越人體限制的方式移動，看起來是一項純然的優勢。然而，我們依賴身體的程度愈少，適應、演化對人體造成的壓力也愈小。如今，對於許多人體遭遇的限制，我們以科技解決問題，而不是讓人體適應環境，因此，人體沒能展現頂尖狀態也實在不足為奇。

　　會使用科技的物種當然不只人類，我所指的「科技」是可以用來執行任務的方法、系統或裝置。在如此廣義的定義之下，許多動物都能使用科技。好比獼猴會用石頭敲開堅果；黑猩猩能以樹枝製造出捕捉白蟻的工具。

　　至於人類，早期人類會使用簡單的石製工具，然而當獼猴和黑猩猩仍使用著和幾百萬年前相同的工具，使用石器的人類卻有了新的演化成就：文化演化（cultural evolution），使我們在動物界中獨樹

一格，而且再也無法回頭。

當社會中常見的做法、知識，甚至是語言，能夠在世代間傳遞下去，就形成了所謂的文化演化。動物當然也會互相學習，但人類把這件事發揮到極致。每個人一生中做過的每件事，遭遇的每項經歷，集結起來形成了文化，文化在人類社會中由來已久。當人類學會磨石、建造居所、種植作物，文化特徵已然取代生物特徵，成為決定人類成敗的基礎。

我們還在演化嗎？

科學界有些地位崇高的知名人士，包括生物學家艾登堡爵士（Sir David Attenborough）在內，都認為文明和科技發展至此，人類已經全然擺脫演化作用的影響。他們認為人類已經不再演化，人類的生物特徵大致已經底定了，不再需要接受任何調整。

這樣的說法或許有一部分的真實性。生存有挑戰，物種才會演化，這是演化理論的重點，也是啟發達爾文提出演化論的一項關鍵觀察。

和幾千個世代之前的祖先相比，我們面對的生存挑戰少之又少，如今多數人都可以順利存活至生育年齡；飢餓也是非常罕見的情形，至少在已開發國家是如此；現代醫學也馴服了人身傷害和疾病，我們不再需要時時和死亡對抗，那些奪命的兇手已經受到懲處；甚至連戰爭也鮮少發生，幾乎人人都能活得長壽。

此外，人類的生殖競爭也不像從前那樣激烈。雖然體格強健、體力充沛、智力高超、道德感強烈或外表好看的個體，有可能吸引更理想的配偶，但這未必代表他們就會生下更多後代。

　　對生活在更新世的人類來說，個體的視力、敏捷度、速度、耐力、智力、受歡迎程度、健康活力、階級地位，甚至是吸引力，對後代的數量和存活率都有直接影響。然而時至今日，無論一個人的社會地位或專業程度有多高，都未必代表他的後代數量就會比較多，甚至有可能更少！

　　這一點我稍後就會解釋。即便人體的狀況與限制，仍會造成無法成功產下後代的風險，但天擇的力量大部分已經被中和了。

　　天擇或許已經不再是形塑人類的一種力量，但演化作用仍在運行。一個物種隨著時間發生遺傳改變，就構成所謂的演化。天擇透過生存和生殖來評斷個體的成敗，但天擇並非物種演化的唯一途徑。雖然說到演化，我們立刻會想到天擇，但還有其他和天擇同樣強大的演化力量存在。沒錯，人類或許已經擺脫天擇的選汰作用，但這不代表人類的演化已經結束。

影響生殖率的因素

　　只要生殖以非隨機的形態發生，物種就能演化。假設某個族群生下的後代比其他族群多，這個族群對下一代基因庫的貢獻也就比較多。如果不同族群之間的個體差異和遺傳有關，那麼這個物種逐漸產生的遺傳變化就是一種演化形式。

　　人類族群就是如此，某些族群的生殖率確實比較高。首先，已開發國家的出生率非常低，而且持續下降當中。好比日本的人口數量正在縮減，幾個西歐國家，如義大利、法國和奧地利，如果不是外來移民者的關係，也將面臨和日本一樣的狀況。這意味著人類未來的基因庫中，日本和這幾個西歐國家的貢獻愈來愈少。

其次，無論是已開發或開發中的國家，某些人的生殖率比其他人高，這就不是隨機現象了。社經地位較高的人，受教育的機會高，也有更多資源可以進行節育，這些因素都和他們組成的家庭規模較小有關。許多人甚至放棄自己的生殖權利。因此，比起生活較為富裕，教育程度較高的人，社經地位較低的人反而有更多後代。

且不論經濟地位，宗教、教育程度、事業成就、家庭背景，甚至政治立場，都是影響人類生殖率的因素。在西方國家，長久以來的種族壓迫歷史，和現今的社會及政治結構造成的不平等，導致上述這些影響生殖率的因素，並沒有平均分布在不同種族之間。

在北美洲和西歐，非裔和拉丁裔人的後代數量比高加索人多。即便趨勢如此，而且生殖率有明顯的地理性差異，但想要預測演化壓力會促使整個人類族群往哪個方向前進，仍然是不可能的任務，因為就連所謂的趨勢，本質上也是不穩定的。

在亞洲也一樣，不同地理區的人口生殖率各不相同。中國、日本、印度和東南亞多數地區，幾乎沒有大家庭存在，然而在巴基斯坦、伊朗和阿富汗，人口出生率高得驚人。

隨著時間，人口出生率的差異終將改變人類的種族結構，同時也證明這些種族在繁殖上取得成功並不是隨機事件——這是演化的先決條件。

不同種族的存活率差異確實不大，起碼在已開發的西方國家是如此，但不同種族的生殖率差異非常明顯。無論這種差異的肇因是不是人們刻意為之的生殖選擇，種族之間繁殖成功率的差異明擺在眼前，這就是演化。

這樣的演化會帶領人類走向何方還很難說，然而值得注意的是，過去不同種族幾乎彼此隔離，現在他們正以前所未有的方式互

相接觸，通婚的現象也愈來愈頻繁，這可能會導致人類重新融合成
一個異血緣交配（interbreeding）的族群。從我們的祖先二十萬年前
在非洲的某個小角落開始演化，這件事就從來沒有發生過。

　　除此之外，還有一件事是肯定的：生命中，變動是唯一不變的
事情。看看天上的星星就知道了。

人類存在的意義

　　只要說到現代核物理學領域中最重要的人物，就不得不提到費
米（Enrico Fermi）。曼哈頓計畫（Manhattan Project）是他參與的眾多
計畫之一，他幫忙建立了連鎖核反應所需的條件，這是原子彈的關
鍵要素。

　　費米造訪新墨西哥州的洛斯阿拉莫斯科學研究所（Los Alamos
Scientific Laboratory）時，人類史上第一顆原子彈誕生還不到十年。
午餐時，他和泰勒（Edward Teller）及其他科學家閒聊了起來。時值
1950年代太空競賽高峰，他們正在討論人類若想以接近光速的速度
移動，會遇到哪些物理學和技術面的障礙。

　　最後，多數科學家都認為，人類終有一天會發明這種快速移
動的方式。於是，他們不再著重於人類「能否」達到這項偉大的成
就，開始討論人類「何時」會發明出這種移動方式。當天一同用餐
的科學家，大多數都同意只要幾十年的時間就夠了，用不著花上幾
百年。

　　突然間，費米拿起餐巾紙，在上面快速計算了一下，得出銀河
系有數百萬顆和地球相似的行星。他不經意問了這個問題：「如果
星際旅行就理論而言是可行的，那麼，其他生物在哪裡？」

　　費米在那天午餐閒聊之間脫口而出的問題，建基在一個奇異的事實上：宇宙間竟然沒有任何非自然的無線電訊號。多年來，他和其他科學家一直分析著宇宙各處的電磁波，他們的確曾經偵測到數百萬甚至數十億光年之外的訊號，但那只是恆星和其他天體規律且重複的訊號。在他們所能判斷的程度內，從來沒聽見任何可能是某種溝通形式的訊號。

　　費米提出這個問題已經是六十多年前的事情，直到今天，除了恆星、行星、類星體（quasar）、星雲（nebulae）發出的背景雜訊，我們什麼也沒聽到；在我們所知的範圍內，外星人也沒來找我們。

　　這事實引發了一個令人不安的問題：如果我們真的是宇宙中唯一有智慧的生物，那麼生命最初的意義是什麼？我們的存在又代表了什麼？

　　就費米所知，宇宙已經存在數十億年之久（編注：現在的推論認為宇宙約存在了一百四十億年），蘊含數十億個銀河系。光是地球所在的銀河系，這個平淡無奇的螺旋銀河系，就有幾億個恆星，每個恆星都可能被一顆擁有智慧生命的行星繞行。

　　再者，從化石紀錄研判，當適合的環境條件一出現，地球上幾乎立刻就出現生命。地球冷卻之後，沒多久生命就出現了，開始演化出複雜的生物。這說明了即便在毫無生命的行星上，只要溫度和化學環境對了，生命一樣能找到演化之路。

外星生物到底在哪？

　　遼闊的宇宙激發了德雷克（Frank Drake）博士創造數學公式的靈感，他建立了所謂的德雷克公式（Drake equation），用來計算宇宙

中有多少文明存在。

德雷克公式包含許多變數，如宇宙中銀河系的數量、每個銀河系的恆星數量、新恆星的形成速率、有多少比例的恆星受到行星繞行、繞行恆星的行星上可居住區的比例（也就是含液態水的區域）、生命開始發展的機率、智慧生命發展至有能力傳送訊號到太空中的機率……。

這些變數都沒有確切的已知數值，但可以根據人類現有的知識和機率法則加以推估。雖然德雷克公式的實用性引發巨大爭議，但根據目前的估計，宇宙約有七千五百萬個文明存在。當然，這個估計值會隨著我們對宇宙愈來愈認識而持續變動。

早在德雷克公式出現之前，費米已經認為宇宙中應該充滿生命，畢竟數十億個恆星和行星就在那兒。此外，就科技發展的程度而言，外星生物的文明應該遠遠超過我們。許多科幻電影中的外星生物，智慧程度領先我們僅僅幾百年，然而宇宙的歷史將近一百四十億年，且多數恆星和行星幾乎一直跟宇宙並存著，我們的太陽系相對年輕，存在時間約四十六億年。

因此，倘若外星文明真的存在，人類科技落後的程度少說幾十億年，星際間的長距離移動對外星生物而言，應該就像我們在城市間移動一樣輕鬆。

費米提出的問題，如今已是眾所周知的費米悖論（Fermi paradox）：宇宙的歷史如此悠久、幅員如此廣闊，為什麼我們從沒見過外星生物？對於這個仍然無解的問題，有許多可能性存在。

其中可能的解釋是：外星生物刻意對我們隱瞞行蹤。這個說法的極致呈現便是星象館假說（planetarium hypothesis），大意是說外星生物在我們的宇宙周遭建造有某種具有保護性的球體。這個球體可

以濾除外星文明產生的雜訊，但是同時又不會阻擋宇宙間的背景訊號進入。

即便外星文明真的如此先進，外星生物也真的不想向地球人透露行蹤，而且的確具備這樣的能力，但他們總能聽見我們發出的訊號吧？打從1930年代起，人類就開始持續向太空各個方位發射速度堪比光速的無線電波。只要兩小時，我們發出的訊號就能離開太陽系，抵達其他恆星或行星的所在，數十年來都是如此。

距離地球不到十光年的恆星至少有九顆，距離地球二十五光年之內的恆星至少有一百顆，雖然經過這麼長的距離，我們發出的訊號已經變得很微弱，但總是有先進的外星文明能夠偵測到周遭恆星和銀河系發出的訊號吧？這樣他們就會知道人類的存在，對我們也會有多一點認識。（或許正因如此所以他們不想來？）

另一種解釋認為，我們的假設根本就是錯的，生命在宇宙中極其罕見。或許，地球上生命快速勃發只是個僥倖事件，而少數和地球一樣幸運的地方，遠在無線電訊號的傳輸範圍以外。

不過，鄰近地球的銀河系就有幾萬顆行星，這些行星的溫度，也足以支持地球上可見的化學反應發生，化學組成及溫度範圍和地球相當的行星，在宇宙中其實非常普遍，雖然我們對這些行星所知甚少，但實在沒理由認為地球有多麼獨特，可以成為宇宙中唯一有生命存在的地方。

還有一種可能是最無聊的解釋：所有的科幻小說和電影都錯了，星際旅行根本是無法突破的障礙。恆星彼此之間的距離非常遙遠，直至目前，我們根本沒有任何接近光速的移動方式，更別說超越光速了。

費米提出大哉問的那場午餐聚會，原本的討論主題是：人類在

十年之內，發展出光速移動方式的機率有多少？費米猜10％。至少六十五年過去了，我們根本沒有發展出任何接近光速的移動方式。

如果，這種移動方式根本不存在，而噴射推進的速度，已達人類發展的速度極限，那麼宇宙中許多文明注定永遠無法互相接觸。我們抬頭仰望星星，覺得無聊又孤單的同時，其他外星生物也正回望我們，但雙方永遠無法相遇。

自我毀滅的人類

不過，同樣的問題是：為什麼我們連外星生物發出的訊號都聽不到？

這就得提到另一種更黑暗的解釋了。許多科學家，包括我，已經開始感到憂心忡忡。生命可能普遍存在於宇宙之中，然而在廣闊無垠的時間尺度裡，各種生命出現和消失的時間鮮少彼此重疊。換句話說，我們找不到任何先進的外星文明就是因為──他們已經不存在了。人類也終將面對「發展內爆」（developmental implosion）的命運。

請想一想，人類和我們自己發明的工業化之間存在著多大的衝突。我們以無法維持資源永續的高速，不斷消耗著非再生性資源，或再生速度極慢的資源。煤炭、石油和天然氣都是有限的資源，即便地球上還有很多，但這些絕對不是無窮無盡的資源。

我們吸入的氧氣絕大部分來自雨林，而我們排出的二氧化碳，主要也由雨林吸收，然而我們正逐漸把雨林轉變成農田或建築用地。我們竭力在地球上挖掘更多資源。然而，人類族群增長速度之快，只要不出幾代，人類讓所有同伴豐衣足食的能力，將遭受嚴重

懷疑。

此外，氣候變遷是沿岸地區發展所面臨的主要威脅，有些海洋生態系正處於全面崩潰的狀態，全球的生物多樣性也急遽下降。我們正走在一場大型滅絕的路上，肇事者正是我們自己，在事態跌落到谷底之前，誰知道還會發生什麼不好的事情？

更糟糕的是，具有大規模毀滅性的武器，帶來了相互保證毀滅（mutual assured destruction，編注：即恐怖平衡）的可能性。「相互保證毀滅」這種微妙的威力，對於大規模毀滅性武器的使用只能抵擋一時，不是長久之計。

激進的救世主義者和末日理論學家，甚至根本不把相互保證毀滅看在眼裡，終有一日，他們會把手伸向毀滅性武器。這似乎無可避免，畢竟，有什麼理由能阻止他們呢？

此外，隨著資源變得稀少，各方衝突必然升高。衝突會帶來最糟糕的結果，經濟利益衝突和各種冷戰累積至頂點後，幾乎肯定會引發戰爭，人類社會目前正處於前所未見的高度風險之中。

除此之外，大流行病隨時可能發動襲擊。地球上人口密度如此之高，順勢助長傳染病像野火一樣蔓延，再加上全球旅行愈來愈容易的事實，世界末日的情景實在不難想像。

所有因素加總起來，悲劇終有一天會發生。耕地變少了，食物價格必然提高。能源資源的緊張，造成所有物價上漲。高價引發衝突和動盪，有利獨裁者伺機崛起。

在開發程度最低的國家，全球暖化造成的壓力最大，人民面對的形勢更加險惡。人類持續開發雨林，將喚醒休眠已久的病毒，為它們提供數量繁多的全新寄主。綜合以上所述，造就一幅殘酷的畫面，我們真的走在毀滅的道路上嗎？

演化讓人類變得自私

下一個世紀，人類將遭受多少巨大的折磨？想像這畫面的方法有幾千種，不過就目前看來，智人似乎沒有滅絕的跡象。畢竟地球上到處都是人，不管未來將發生怎樣的危機，總有某些深謀遠慮、不屈不撓和運氣不錯的人可以安然度過。

當然，如果人類不重新調整發展趨勢，經濟和政治很有可能先發生重大瓦解。即便族群內爆造成人口大量死亡，有幸活下來的人也得面臨科技和發展的重大落後，我相信還是有人可以度過這樣的末日災難，智人也會繼續存活下去。

人類如今所面對的險境，完全要怪我們自己的野心，但也很可能只是宇宙的常態。如果其他行星上也有生命，我們只能假設，天擇對外星生命選汰的方式，或多或少跟在地球上一樣。天擇作用背後不過就是一個簡單的邏輯：能夠成功存活、繁殖的個體可以留下較多後代。

不管外星生物表面上和我們有多麼不同，也實在很難想像生命會有其他不同的演化方式。然而，我們從來看不出，也無法預測人類會演化出謹慎自持、懷抱遠見、大公無私、慷慨奉獻，或甚至如毅力這般簡單的特質。演化作用就算有預先策劃的能力，時間範圍也從來不超過一或兩個世代。

演化作用讓我們變得自私。當然，身為具有社會結構的生物，我們可以把自我意識推及至後代、手足、父母以及任何與我們關係密切的人身上。我們為孩子犧牲奉獻，因為孩子是「我們」的一部分。不過，這種自我意識的延伸有其界限，手足，甚至朋友可以是我們的一部分，但陌生人絕對不是。

　　或許，自我意識可以進一步擴展至一群有著相同種族、宗教信仰或國籍的人們身上，即便如此，相對於「我們」的「他們」依舊存在。人類演化可以感受父母關愛的能力，同樣的，對於不屬於「我們」的一分子，人類也演化出厭惡或畏懼的能力，社會性哺乳類動物盡皆如此。因此，我們有十足的理由相信，外星生物也遵循著相同邏輯。

　　我們之所以從沒見過、聽過、接觸過任何外星生物，很可能因為早在他們有能力離開自己的太陽系之前，外星文明就已經被自私、科技成就，和其他導致情況更惡化的因素給壓垮了。

　　人類眼看著就要解開太空旅行的祕密，學會利用來自太陽的無盡能源，找出永保健康的方法，然而我們也同樣正處在毀滅邊緣。或許，在宇宙歷史中，這樣的劇本不斷重演，生命的興衰不斷循環，就在要跨出關鍵的那一步之前，文明全盤崩落，幸運的話，回到農業時代重新來過吧。

　　就人類的演化設計方案看來，人類文明的全面崩盤似乎不可避免。人類的慾望、本能和動力都是天擇選汰過後留下來的產物，而天擇從來不做長期計劃。對於宇宙間所有的物種而言，混亂、死亡和毀滅可能才是最自然的狀態，我們也不例外。容我引用科幻小說傳奇作家克拉克（Arthur C. Clarke）的一句話來當作結尾：「這件事只有兩種可能：我們可能是宇宙中的唯一，也可能不是，兩者同樣可怕。」

真的能長生不老？

　　死亡是所有生命必須面對的事實，人類也不例外。然而，自古

以來，人類一直沉迷於如何預防死亡，或至少延遲死亡。

史上最古老的故事《吉爾伽美什史詩》，內容就是一位英雄尋求永生的過程。在西方，有關賢者之石、青春之泉和聖杯的傳說，都著重在不死的祕密。在東方，印度教的長生甘露、中國醫藥的靈芝、拜火教的蘇摩酒，和其他許多故事則著重在長生不死的魔法。希臘神話中，眾神所飲的瓊漿玉液稱為「nektar」，而nek代表死亡，tar有超越的意思。

如果死亡必不可免，至少我們可以否認死亡帶來的消失效應。許多神話和宗教很注重來世。來世是一種抽象的概念，源自於人不願意相信生命只有這麼一次，也不願相信我們再也無法和死去的摯愛見面。諷刺的是，這種來世的概念似乎抵擋不住人們追求永生的慾望，天主教納入了來世的概念，但虔誠的西班牙探險家德萊昂（Juan Ponce de León）仍然急切想要找到青春之泉，不是嗎？

哪怕是古代的醫學和煉金術，或者現代的工程學和計算機運算，人類的科技發展一直聚焦在延年益壽這件事上。長生不死就像史上最誘人的大獎，令無數的先知、國王、英雄、神祇和冒險家甘願犯險追求。如今，人類史上第一次，永生似乎觸手可及。

科學家一直致力於揭露衰老的機制。一如生物體內各種過程，衰老機制遠比我們想像得更為複雜。有關衰老的早期研究指出令人洩氣的事實：衰老是因為DNA和蛋白質中累積過多隨機發生的傷害所導致。

我之所以用令人洩氣來形容這件事，是因為隨機發生的傷害根本難以預防。跟人體的自癒能力相比，現代醫學修復受傷組織的能力簡直可笑。如果連人體本身也無法阻止體內分子累積傷害，大概也不用期待人腦能想出什麼好方法了。這些傷害的規模小至奈米尺

度，憑人類現有的醫學技術，根本看不到如此微觀的傷害，還談什麼修復？

　　儘管如此，一種全新、截然不同的延壽策略已經開始顯現。首先，醫生根本無法修復細胞傷害，明智的科學家已經放棄這種想望，把注意力轉移到幹細胞上，一方面研究幹細胞的運作機制，一方面尋找利用幹細胞的可能性。

　　幹細胞是人體內建的組織更新系統，它們的數量雖然少，但多數器官都含有幹細胞。一般狀態下，幹細胞呈現休眠狀態，等待喚醒時機的到來。當受傷、生病或發生突變導致人體喪失某種特定細胞，幹細胞會開始活化、增殖，分化成特定細胞運行正常功能，發揮替代作用。

　　科學家發現每一種組織都含有幹細胞，而且人體自我更新的能力遠超過我們之前所想。過去我們曾以為每個人出生後，體內的神經元數量就是固定的，隨著年齡漸增，人體逐漸喪失神經元是無可避免也無法逆轉的事實。

　　然而，研究發現，人腦中含有神經元幹細胞，在某些特定情況下，可以替代失去或受傷的神經元。儲存在神經元中的資訊，雖然會隨著神經元一併喪失，但人腦確實可以長出新的神經元。

　　因此，幹細胞成了生物醫學科學家讓人類完成長生不老願望的一條途徑。如果科學家能夠瞭解如何強化幹細胞的效用，面對細胞傷害時不至於敗下陣來，那麼人類真的有希望可以延年益壽。

科幻電影成真

　　不過，還有其他更像科幻小說情節的延壽策略也正在萌芽。

　　組織和器官移植的技術發展相當快速，未來醫界肯定會試圖
進行人腦移植。不過，所謂人腦移植其實應該稱為人體移植，畢竟
一個人的個性、記憶和意識都儲存在腦子裡，如果移植成功，人腦
組織也可以順利更新、運作各項功能的話，未來人類只要不斷換身
體，就可以獲得永生（且讓我們把這些身體要從哪裡來的問題暫擱
一旁）。這樣的手術，聽起來充滿未來感。

　　實際上可行性更高的外源物移植（xenobiotic implant）和合成仿
生物移植（synthetic bionic implants）也在持續發展當中。古代人類就
用馬鬃縫合傷口，到了中世紀，人類用鉤子或木樁當作義肢。自古
以來，人類一直想辦法用其他替代物來克服人體的限制。醫界也從
利用豬的心臟瓣膜來替換病人受損的心臟瓣膜，進步到使用效期更
長的人工瓣膜，如今科學家已經開發出人工心臟，可以完全取代心
臟的功能。

　　然而人工心臟目前遭遇的技術限制，代表病人必須繼續等待
功效更持久的移植方案。多年來，幾乎可以完全取代心臟幫浦功能
的左心室輔助器（left-ventricular assist device），一直幫助著心臟病患
者。幾十年前，任誰也想不到心臟衰竭的病患，有朝一日竟然能幾
乎毫無症狀的活著。美國前任副總統錢尼（Dick Cheney）在接受心
臟移植之前就是這麼活著！

　　如今的仿生物移植技術，簡直就像我在1980年代成長期間讀到
的科幻小說情節。電子耳、動脈支架、人工髖關節和膝關節、配有
胰島素注射器的血糖機，這些早已不是新鮮事。能夠直接傳送視覺
資訊給人腦的人工眼也已經出現，就像「銀河飛龍」（Star Trek: The
Next Generation）裡的鷹眼。

　　倘若我們對人體組織更新的瞭解能和奈米科技相結合，未來勢

必能有更大的突破。微小的修復機器人在人體內尋找衰老的器官細胞,並以幹細胞取代衰老細胞,這樣的想望並不遙遠,我們幾乎已經具備足夠的知識和工具,一切只剩下時間問題。

基因編輯大革命

最後,我們甚至不必動手解決這些麻煩事。CRISPR/Cas9這項最新興的技術,已經徹底革新科學家對活體細胞DNA進行安全編輯的能力。

一直以來,基因療法在實行層面遭遇重重困阻,似乎是不可能成功的願景,而且僅僅只是適度的嘗試,已經證明基因療法並不安全。然而,CRISPR(clustered, regularly interspaced, short palindromic repeats,簡稱CRISPR,中文名稱為「群聚且有規律間隔的短回文重複序列」)改變了這一切,這種技術對基因組進行剪輯的方式和人體的機制非常近似。各領域的生醫科學家正爭先恐後地想要瞭解,如何能將CRISPR技術用於治療疾病、修復傷害和人體組織更新。

就這方面看來,遺傳性疾病檢查和諮詢確實影響了人類演化。許多有家族遺傳史或種族背景的人,可以選擇接受遺傳性疾病諮詢。夫妻雙方如果都是某種嚴重遺傳疾病的帶因者,可以選擇不要生孩子,或者在懷孕期間接受羊膜穿刺術(amniocentesis)以檢查胎兒是否天生罹患可怕疾病。

這些方式使得遺傳性疾病在人類族群中的普及程度逐漸下降,有了CRISPR技術之後,情況會更加明顯。或許有一天,男女雙方的精卵在結合前不僅可以接受分析,甚至還能進行修復。CRISPR可以切除會引發疾病的基因,換上正常的基因版本,然後就搞定啦!這

樣的技術已經存在，相信很快就會在生育診所進行試驗。

更不可思議的是，CRISPR除了能夠修復遺傳疾病，還可以輕易應用在精卵上，改變胎兒的遺傳組成，甚至能夠延長胎兒出生後的壽命。隨著我們對衰老的遺傳控制機制愈來愈瞭解，科學家或有一天還可以調整未來世代的基因，讓他們打從一開始就不會變老。

如我先前提過，長生不死就像史上最誘人的大獎。當細胞衰老和組織更新成為生醫界矚目的焦點，我們或許可以利用配備CRISPR技術的奈米機器人來修復受傷的細胞，避免細胞顯現老態。這並非狂想，科學家已經在模式動物身上看到了初步曙光。初步的嘗試確實會比較保守，然而一旦成功，就再也沒有回頭路了。

目前我所提到的各項技術幾乎已經唾手可得，大概再過個幾十年，一般家庭醫生都能施行這些技術。延長壽命的醫學科技發展快速，對於那些想要維持壽命，以等待這些新技術應用在自身的人而言，醫生或許能暫停時間，或者減緩時間的推移速度。

科技日新月異的態勢不會停止，未來的醫生不僅可以阻止人類衰老，甚至可以扭轉衰老的效應，讓人永保二十幾歲的青春活力。這樣的想望使得許多中年人，包括我在內，開始好好保持身材，想辦法「活得夠久，迎接永生」（live long enough to live forever），事實上，2004年就有一本書以此為名。

至於我們該怎麼適應長生不老的新社會？那又是另一個問題。不過既然人類大量聚集時有互相殘殺的傾向，我想只要等到資源匱乏的時候，這個問題自然會解決。或者，人類有可能移居到太陽系的其他星球上，聽起來可能有點遙遠是嗎？雖然發展速度遠不如生醫科技，然而太空科技也已經來到前所未見的分水嶺。

最後，千萬不要低估科學，也不要低估人類克服自身缺點的能

力。事實上，許多人類學家認為，人類之所以發展出如此驚人的聰明才智，都要歸功過去兩百萬年來發生在非洲、歐洲和中亞地區的劇烈氣候變遷。光靠這副皮囊，人類不可能度過冰河時期，我們還需要智慧。而今，面對當前的環境，人類更需要這種關鍵特質。

本章結語：是劍還是犁？

　　誰也不能確知人類的未來會如何，但我們可以從人類的過往中獲得一些想法。人類是美麗但不完美的物種。過去的種種影響著我們的未來，人類的演化史充滿著故事，掙扎求生的悲慘情節換來生存的勝利和繁殖榮景，我們當然希望未來也是如此。

　　而今，人類所面臨的生存難題顯而易見：過度成長的人口、瀕臨毀滅的環境、拙於管理的自然資源，在在威脅著人類打造出來的榮景。

　　我們該如何解決這些難題？該如何扭轉乾坤？答案很簡單，就用人類過往克服挑戰打造榮景的同一招：科學。

　　你或許覺得：說不定科學本身就是個問題；說不定人類最終極的缺點就是對科學和科技過度依賴。會有這種想法可以理解，但我不認為這是事實。

　　的確，科學進步促使以煤炭和石油為能源基礎的工業開始發展，對大氣層的碳平衡產生毀滅性影響。然而，科學也提供了解決辦法：太陽能、風力、水力、地熱，都可以用來發電。農業和紡織科技確實帶來大規模的伐林，工廠化農場也造成大量汙染；不過，科學能培育出乾淨的作物或合成替代物，終有一天可以取代受汙染

的作物。

　　過去，科學打造出燃煤蒸汽機；現在，科學打造出太陽能飛機。雖然人類過往製造出來的每一片塑膠，如今不是堆放在垃圾掩埋場裡，就是正在前往垃圾掩埋場的路上；但是，化學家已經製造出生物降解塑膠（biodegradable plastic），生物學家也找到可以吃塑膠的細菌。因科學而起的問題，也可以因科學而解決。

　　聽起來過度樂觀？想想看，綠建築愈來愈多，我們也開始以永續、友善的方式對待環境，滿足我們對能源和物質的需求。現在，美國家庭每平方英尺的年平均用電量比二十五年前少了一半。同樣使用一加侖汽油，現在汽車能跑的距離比三十五年前多出一倍。

　　家庭或汽車對燃燒性能源的需求，也因為太陽能和其他碳中和能源的發展而逐漸降低。在歐洲，已經有幾個國家很快就能實現碳中和的目標，而且這些國家所接受到的陽光照射量遠遠不及開發中的國家。

　　更好的未來並非遙不可及，問題是：我們能抓得住這樣的未來嗎？或者，換個問法：先進的智力究竟是人類最大的資產或缺點？

　　我們早已掌握能夠從根本解決問題的科學知識，剩下的問題只有決心。倘若我們無法及時預防全球性的崩潰發生，那麼，便證明了：人腦是種糟糕的設計。

致謝

　　這本書的完成是許多人辛苦付出的結果，他們的大名都應當躍上封面。

　　盧索夫（Marly Rusoff），你讓這項計畫有了生命。一如我們過往的合作經驗，由范提摩潤（Tara VanTimmeren）最先幫我看照全書所有細節，只有經過她的修改與潤飾之後，我才有勇氣把書稿給別人看。第一次早餐會議之後，我就知道你就是「對的人」，讓我立刻丟掉原本計畫晤談的代理商名單。你幫助我整理我那些凌亂的想法，讓我寫出前後連貫的書稿。

　　尼可拉斯（Bruce Nichols）和利特菲爾德（Alexander Littlefield）是兩位獨具洞見的編輯，讓這本書變得更好。感謝四位對這項計畫抱持信心且才華洋溢的編輯，用專業技巧把一個絕佳的點子轉化成一本完整的書。

　　羅伊（Tracy Roe）在最後時刻做出的重要貢獻，替這本書帶來無可度量的助益，實在值得大肆褒揚。這本書是團隊合作的心血結晶，能和這麼多傑出的人合作是我的榮幸。

　　出自傑出藝術家甘利（Don Ganley）之手的插圖，不失幽默又明確清晰，替書頁增添優雅氣息。看著他把我那模糊又毫無助益的說明變成精美的插圖，實在是種享受。他的作品確實為這本書注入活水，希望各位能花點時間好好欣賞這些插圖。每一幅都是花上好幾個小時繪製，並經歷多次修改才有最後的樣貌。我記得第一章人體上頜竇腔的那幅插圖，光是上唇部分的陰影，甘利就花了三個小時來處理，那大概是他有史以來最好的作品吧。

　　至於我的學生、朋友和家人，謝謝你們多年來聽我反覆說著這些相關主題。我一直想要找出一種寫作風格，能夠具體展現我和朋友間那些有趣的對話。換句話說，我希望我的文字讓讀者覺得我們正在對話。任何曾經放任我盡情暢聊這些話題的人，都是助我寫出這本書的推手，我的感激之情溢於言表。

　　如果沒有家人的支持，我什麼事也做不成，寫這本書也一樣。我，身為人類族群中缺點最多的一員，忙於撰寫書稿的這些年來，一直考驗著家人的耐性。奧斯卡、理查、艾莉西亞，當然還有布魯諾，謝謝你們的鼓勵，我愛你們。

附錄

第一章　無用的骨頭和其他結構缺陷

1. 有三成至四成的民眾都有近視：Seang-Mei Saw et al., "Epidemiology of Myopia," *Epidemiologic Reviews* 18, no. 2（1996）: 175–87.

2. 鳥類的眼睛與遷徙：Thorsten Ritz, Salih Adem, and Klaus Schulten, "A Model for Photoreceptor-Based Magnetoreception in Birds," *Biophysical Journal* 78, no. 2（2000）: 707–18.

3. 人類所能感知的微弱光線：Julie L. Schnapf and Denis A. Baylor, "How Photoreceptor Cells Respond to Light," *Scientific American* 256, no. 4（1987）: 40.

4. 喉返神經有多長：Mathew J. Wedel, "A Monument of Inefficiency: The Presumed Course of the Recurrent Laryngeal Nerve in Sauropod Dinosaurs," *Acta Palaeontologica Polonica* 57, no. 2（2012）: 251–56.

5. 日本漁夫抓到一隻有著「後鰭」的海豚：Seiji Ohsumi and Hidehiro Kato, "A Bottlenose Dolphin（*Tursiops truncatus*）with Fin-Shaped Hind Appendages," *Marine Mammal Science* 24, no. 3（2008）: 743–45.

第二章　難纏的飲食需求

1. *GULO* 基因發生突變：Morimitsu Nishikimi and Kunio Yagi, "Molecular Basis for the Deficiency in Humans of Gulonolactone Oxidase, a Key Enzyme for Ascorbic Acid Biosynthesis," *American Journal of Clinical Nutrition* 54, no. 6（1991）: 1203S–8S.

2. 果蝠：Jie Cui et al., "Progressive Pseudogenization: Vitamin C Synthesis and Its

Loss in Bats," *Molecular Biology and Evolution* 28, no. 2（2011）:1025–31.

3. 吃糞便獲取維生素 B$_{12}$：V. Herbert et al., "Are Colon Bacteria a Major Source of Cobalamin Analogues in Human Tissues?," *Transactions of the Association of American Physicians* 97（1984）：161.

4. 吃到肥死：這部份節錄自《沒那麼不同》（*Not So Different*：*Finding Human Nature in Animals*）（New York: Columbia University Press, 2016）.

5. 運動員老後更易發福：Amy Luke et al., "Energy Expenditure Does Not Predict Weight Change in Either Nigerian or African American Women," *American Journal of Clinical Nutrition* 89, no. 1（2009）：169–76.

第三章　基因組裡的垃圾

1. 人類基因組中的假基因：David Torrents et al., "A Genome-Wide Survey of Human Pseudogenes," *Genome Research* 13, no. 12（2003）：2559–67.

2. 人類、大猩猩、黑猩猩的共同祖先：Tomas Ganz, "Defensins: Antimicrobial Peptides of Innate Immunity," *Nature Reviews Immunology* 3, no. 9（2003）：710–20.

3. *7SL* 的基因：Jan Ole Kriegs et al., "Evolutionary History of *7SL* RNA-Derived SINEs in Supraprimates," *Trends in Genetics* 23, no. 4（2007）：158–61.

第四章　難產的人類

1. 2014 年已開發國家的嬰兒死亡率：All statistics from Central Intelligence Agency, *The World Factbook* 2014–15（Washington, DC: Government Printing Office, 2015）.

2. 黑猩猩懷孕間隔：Biruté M. F. Galdikas and James W. Wood, "Birth Spacing Patterns in Humans and Apes," *American Journal of Physical Anthropology* 83,

no. 2（1990）: 185–91.

3. 近期研究發現，虎鯨和逆戟鯨也有停經期：Lauren J. N. Brent et al., "Ecological Knowledge, Leadership, and the Evolution of Menopause in Killer Whales," *Current Biology* 25, no. 6（2015）: 746–50.

4. 如果祖母帶來的演化優勢如此巨大，許多社會性動物應該都會有停經現象，而不是獨獨人類如此： 關於這一點仍有些爭議。有些研究生殖老化的報告以圈養的靈長類動物族群和其他哺乳類動物為對象，發現牠們並不像人類一樣具有如此普遍且發生時間非常精準的停經現象。

第五章　體內的豬隊友

1. 中世紀歐洲療養院，有很多病患眼突脖子腫：Norman Routh Phillips, "Goitre and the Psychoses," *British Journal of Psychiatry* 65, no. 271（1919）: 235–48.

2. 當有害的細菌或病毒出現，免疫系統會組織攻擊，消滅入侵者： 疫苗的作用方式是這樣的，注射死亡或受傷的病毒到你體內，讓免疫系統學習如何攻擊它們。順利的話，假使你再次遭遇同樣的抗原，好比接觸到真正有致病性的病毒，受過訓練的免疫系統，反應速度會比先前快上幾百倍，反應強度也會更激烈。

3. 食物過敏症和呼吸過敏症的病例數量急劇攀升：Susan Prescott and Katrina J. Allen, "Food Allergy: Riding the Second Wave of the Allergy Epidemic," *Pediatric Allergy and Immunology* 22, no. 2（2011）: 155–60.

第六章　愚蠢的人哪

1. 受試者傾向高度支持和自己觀點相同的報告，對和自己觀點相

反的報告則給予差評：Charles G. Lord, Lee Ross, and Mark R. Lepper, "Biased Assimilation and Attitude Polarization: The Effects of Prior Theories on Subsequently Considered Evidence," *Journal of Personality and Social Psychology* 37, no. 11（1979）: 2098.

2. 科學家甚至進一步提供受試者有關平權運動和槍枝控管的假報告，這兩項都是火熱的政治議題：Charles S. Taber and Milton Lodge, "Motivated Skepticism in the Evaluation of Political Beliefs," *American Journal of Political Science* 50, no. 3（2006）: 755–69.

3. 以佛瑞（*Bertram Forer*）為名的佛瑞效應（*Forer effect*），是確認偏誤的另一種形式：Bertram R. Forer, "The Fallacy of Personal Validation: A Classroom Demonstration of Gullibility," *Journal of Abnormal and Social Psychology* 44, no. 1（1949）: 118.

4. 這種過度記憶的現象和創傷後壓力疾患的症狀增加有關：Steven M. Southwick et al., "Consistency of Memory for Combat-Related Traumatic Events in Veterans of Operation Desert Storm," *American Journal of Psychiatry* 154, no. 2（1997）: 173–77.

5. 一系列聰明絕倫的實驗，證實這是一種記憶扭曲：Deryn Strange and Melanie K. T. Takarangi, "False Memories for Missing Aspects of Traumatic Events," *Acta Psychologica* 141, no. 3（2012）: 322–26.

6. 當你連輸了一陣子之後，別忘記這種態勢持續的機率會比它有所改善的機率稍微大一點：賭場中，唯一有可能不會讓你一直連輸的就只有二十一點，因為花牌的數量是有限且已知的。當非花牌的數字牌持續出現，確實代表牌盒裡花牌的比例將提高，對莊家或賭客而言都是如此；然而一旦切牌或莊家宣布換新牌，一切又將重新開始。儘管如此，一整天玩下來，經驗老到的算牌客還是

能為自己博得略高於莊家的些微優勢，藉此賺進白花花的銀子。然而，賭場總是有辦法揪出算牌客，並以薄切牌的方式抵消算牌客的算計策略。如果這些方法都不能奏效，賭場經理會直接恭送算牌客出門。所以說莊家必勝嘛！

7. 演化心理學家桑托斯（*Laurie Santos*）博士，花了好幾年時間建立「猴子經濟學」：M. Keith Chen, Venkat Lakshminarayanan, and Laurie R. Santos, "How Basic Are Behavioral Biases? Evidence from Capuchin Monkey Trading Behavior," *Journal of Political Economy* 114, no. 3（2006）: 517–37.

終章　人類的未來

1. 想辦法「活得夠久，迎接永生」，2004 年就有一本書以此為名：Ray Kurzweil and Terry Grossman, *Fantastic Voyage:Live Long Enough to Live Forever*（Emmaus, PA: Rodale, 2004）.

科學文化 187

人類這個不良品
從沒用的骨頭到脆弱的基因

Human Errors
A Panorama of Our Glitches, from Pointless Bones to Broken Genes

原著 —— 納森‧蘭特（Nathan H. Lents）
譯者 —— 陸維濃
科學文化叢書策劃群 —— 林和、牟中原、李國偉、周成功

總編輯 —— 吳佩穎
編輯顧問 —— 林榮崧
副主編暨責任編輯 —— 林韋萱
封面設計暨美術編輯 —— 江儀玲
校對 —— 魏秋綢

出版者 —— 遠見天下文化出版股份有限公司
創辦人 —— 高希均、王力行
遠見‧天下文化 事業群董事長 —— 高希均
事業群發行人／CEO —— 王力行
天下文化社長 —— 林天來
天下文化總經理 —— 林芳燕
國際事務開發部兼版權中心總監 —— 潘欣
法律顧問 —— 理律法律事務所陳長文律師
著作權顧問 —— 魏啟翔律師
社址 —— 台北市 104 松江路 93 巷 1 號 2 樓
讀者服務專線 —— 02-2662-0012 ｜ 傳真 —— 02-2662-0007, 02-2662-0009
電子郵件信箱 —— cwpc@cwgv.com.tw
直接郵撥帳號 —— 1326703-6 號 遠見天下文化出版股份有限公司
排版廠 —— 極翔企業有限公司
製版廠 —— 東豪印刷事業有限公司
印刷廠 —— 祥峰印刷事業有限公司
裝訂廠 —— 台興印刷裝訂股份有限公司
登記證 —— 局版台業字第 2517 號
總經銷 —— 大和書報圖書股份有限公司 電話／ 02-8990-2588
出版日期 —— 2018 年 12 月 14 日第一版第 1 次印行
　　　　　　2023 年 4 月 14 日第一版第 12 次印行

國家圖書館出版品預行編目(CIP)資料

人類這個不良品：
從沒用的骨頭到脆弱的基因 / 納森‧蘭特
（Nathan H. Lents）著；陸維濃譯. -- 第一
版. -- 臺北市：遠見天下文化, 2018.12
　　面；　公分. --（科學文化；187）
譯自：Human errors : a panorama of our
glitches, from pointless bones to broken
genes
ISBN 978-986-479-598-7（平裝）

1.人體生理學 2.人類演化

397　　　　　　　　　　107021432

定價 —— NT 350 元
書號 —— BCS187
ISBN —— 978-986-479-598-7
天下文化官網 —— bookzone.cwgv.com.tw

本書如有缺頁、破損、裝訂錯誤，請寄回本公司調換。
本書僅代表作者言論，不代表本社立場。